A REPRESENTAÇÃO GRÁFICA DAS UNIDADES DE PAISAGEM NO ZONEAMENTO AMBIENTAL

ANDRÉA APARECIDA ZACHARIAS

A REPRESENTAÇÃO GRÁFICA DAS UNIDADES DE PAISAGEM NO ZONEAMENTO AMBIENTAL

editora
unesp

© 2010 Editora UNESP

Direitos de publicação reservados à:
Fundação Editora da UNESP (FEU)

Praça da Sé, 108
01001-900 – São Paulo – SP
Tel.: (0xx11) 3242-7171
Fax: (0xx11) 3242-7172
www.editoraunesp.com.br
www.livraria.unesp.com.br
feu@editora.unesp.br

CIP – BRASIL. Catalogação na fonte
Sindicato Nacional dos Editores de Livros, RJ

Z17r

Zacharias, Andréa Aparecida
    A representação gráfica das unidades de paisagem no zoneamento ambiental / Andréa Aparecida Zacharias. – São Paulo : Ed. UNESP, 2010.
    il.
    Inclui bibliografia
    ISBN 978-85-393-0017-4
    1. Mapeamento ambiental. 2. Mapeamento ambiental – Ourinhos (SP). 3. Cartografia. 4. Proteção ambiental – Ourinhos (SP). I. Título.

10-1510.   CDD: 363.7
                                                CDU: 504

Este livro é publicado pelo projeto *Edição de Textos de Docentes e Pós-Graduados da UNESP* – Pró-Reitoria de Pós-Graduação da UNESP (PROPG) / Fundação Editora da UNESP (FEU)

Editora afiliada:

Asociación de Editoriales Universitarias
de América Latina y el Caribe

Associação Brasileira de
Editoras Universitárias

*A meus pais, Jurandir e Jaira Zacharias, e
a minha irmã Angélica, pelo especial carinho,
incentivo e apoio de sempre. Mas, principalmente, a
meus filhos HENRIQUE, que, num plano superior,
ilumina meu caminho, e o pequeno VINÍCIUS, que,
após dez anos, devolveu-me a alegria mais sublime
da vida: a de ser MÃE.*

AGRADECIMENTOS

À professora Maria Isabel Castreghini de Freitas, especialmente pela carinhosa dedicação e orientação desde minha graduação, como também pela confiança e pelo carinho que me fizeram crescer intelectualmente, seguir uma trajetória acadêmica e, acima de tudo, produzir este livro.

À professora Iandara Alves Mendes, pela sincera amizade e incentivo de sempre, como também pela orientação e apoio no início da proposta deste trabalho.

Agradeço também ao amigo Sergio Luis Antonello, carinhosamente conhecido como Serginho, pela disponibilidade e gentileza na elaboração do "Voo 3D Panorâmico".

Aos professores, amigos e novos colegas de trabalho da Unesp, *campus* de Ourinhos, que conquistei ao longo destes sete anos; especialmente ao amigo e companheiro de luta "administrativa", professor Paulo Fernando Cirino Mourão que, como coordenador executivo, permitiu as facilidades para as impressões dos mapas constantes deste livro.

À Fundunesp, pela concessão de auxílio financeiro muito importante para a aquisição de materiais cartográficos e fotografias aéreas necessárias para esta pesquisa, e à Prefeitura Municipal de Ourinhos, representada pela Secretaria de Planejamento, particularmente a Gustavo Ferreira Martins Gomes, diretor e coordenador do Plano Diretor Municipal, que gentilmente concedeu toda informação sobre as propostas do Novo Plano Diretor, sem a qual não teria sido possível realizar o capítulo 4 deste livro.

À Unesp, *campus* de Ourinhos (SP), pela total disponibilização de acesso aos equipamentos do Laboratório de Geoprocessamento, fundamentais para a conclusão desta pesquisa.

Ao professor Marcello Martinelli, pelas sugestões e críticas no decorrer do trabalho. Também ao professor Adler Viadana, pelos empréstimos de materiais bibliográficos, bem como pelo incentivo e auxílio valioso no encaminhamento da discussão sobre Paisagem.

Ao professor José Manuel Mateo Rodriguez, por participar da banca examinadora, dada a sua "rápida" estadia no Brasil.

Às amigas e professoras Cenira Lupinacci e Andréia Medinilha Pancher, pelas valiosas sugestões, e à amiga Denise Rossini, pela total ajuda na parte gráfica dos mapas.

A meus queridos alunos e orientandos Juliana Alves dos Santos, Wellington Domingos Pereira da Silva, pelos diversos auxílios prestados durante a impressão final e montagem do trabalho. Como também à querida Lucinda Thesbita Bittencourt que, nos últimos momentos, fez parte desta equipe.

Aos professores e novos colegas de trabalho da Unesp/Ourinhos que conquistei, especialmente ao amigo e companheiro de luta "administrativa", professor Paulo Cirino Mourão que, como coordenador executivo, permitiu as facilidades para as impressões dos mapas constantes deste livro.

Aos funcionários da Unesp/Ourinhos, pelo carinho e contribuições concedidas. Especialmente ao motorista Wanderley Egea de Oliveira, não só pelas ajudas durante as fotos dos trabalhos de campo, mas também pela total preocupação e conduta prudente no decorrer das inúmeras viagens que tanto nos têm levado aos compromissos unespianos.

À querida Sandra Baldessin, pela paciência, disponibilidade, sugestões e excelente revisão e correção do texto, deixo meu agradecimento.

Pelo amor, amizade, paciência, constante companheirismo e cumplicidade no decorrer do fechamento deste trabalho, ao querido Sander da Rocha Nascimento, com quem partilho a alegria de ter vencido mais esta etapa de minha vida.

E a todos que, direta ou indiretamente, também contribuíram para a realização deste livro.

SUMÁRIO

PREFÁCIO

O livro *A representação gráfica das unidades de paisagem no zoneamento ambiental* é fruto da tese de doutorado da autora, realizada sob minha orientação, trabalho de grande importância na atualidade por trazer contribuições conceituais e metodológicas para os principais agentes transformadores do território e da paisagem em nível local: o poder público municipal.

A obra apoia-se em densa e atualizada literatura da área e, de forma objetiva, apresenta conceitos relativos ao zoneamento ambiental, agregando, em documento único, os aspectos conceituais de planejamento, geografia e cartografia, esta última apresentada nos aspectos temáticos ambientais. A publicação apresenta ainda estudo de caso em município de porte médio do estado de São Paulo e permite ao leitor ampliar seus conhecimentos teóricos sobre o assunto, além de visualizar, por meio de exemplos práticos, como se devem apresentar documentos cartográficos relativos às unidades da paisagem em um trabalho de zoneamento ambiental. Dentre os conceitos vinculados aos temas de geografia e planejamento merecem destaque definições de zoneamento ambiental, planejamento físico-territorial, representação e estudo da paisagem no contexto ambiental; comunicação cartográfica e a representação gráfica das unidades de paisagens, dentre outros.

A abordagem da autora faz que o zoneamento ambiental suplante os aspectos exclusivos de ordenamento territorial, ao tornar compatível o crescimento territorial, de áreas urbanas e rurais, com a adequação do uso, levando em conta suas características ambientais. Nos aspectos cartográficos propriamente ditos, o trabalho faz uso da semiologia gráfica para criar representações espaciais das unidades da paisagem e traz contribuições originais ao inserir apresentações dinâmicas para produzir cenários gráficos e animações, que se transformam em termos espaciais e temporais. No que tange aos aspectos temporais, apresenta situações passadas, presentes e futuras, considerando cenários em que medidas de adequação ambiental foram adotadas e outros nos quais tais medidas não o foram, levando o leitor à reflexão crítica dos riscos ambientais que acarretam decisões não embasadas em fundamentos técnico-científicos.

O livro apresenta ainda um novo padrão de apresentação de documentos cartográficos voltados para o zoneamento ambiental, que traz contribuições metodológicas referentes aos níveis de leitura de mapas temáticos: níveis bidimensional, tridimensional e iconográfico, este último associado à simbologia adotada na legenda dos mapas. O nível tridimensional é ilustrado com animações de sobrevoos em perspectiva sobre a área de estudo, denominados sobrevoos virtuais, que permitem ao leitor interação com ferramentas da cartografia multimídia.

O livro divide-se em quatro capítulos: o capítulo 1 apresenta trabalhos que se apoiam no planejamento físico-territorial, visando ao diagnóstico da organização socioespacial e aos desafios que o zoneamento assume enquanto um dos instrumentos legais para efetivar o planejamento ambiental. São detalhados, ainda, os tipos de zoneamento e suas caracterizações, bem como conceitos ligados à área de influência do zoneamento, aspectos relativos à escala de mapeamento e cartografia de síntese; o capítulo 2 trata do estudo da paisagem, tendo como pilares a Teoria Geral dos Sistemas, o Paradigma Geossistêmico, a Fisiologia da Paisagem e a Teoria da Ecologia da Paisagem; os capítulos 3 e 4 abordam a representação da paisagem no contexto ambiental, incluindo a representação gráfica e a cartografia das paisagens, com estudos de caso e pesquisas desenvolvidas com base nas referidas teorias.

Este livro, portanto, busca responder ao desafio de elaborar a estrutura de uma Cartografia de Síntese que atenda ao zoneamento ambiental no que diz respeito à legibilidade e à consequente comunicação cartográfica.

Maria Isabel Castreghini de Freitas

Introdução

Trazer para a geografia a proposta aqui abordada – a representação gráfica das unidades de paisagem no zoneamento ambiental – é um desafio muito oportuno e estimulante, dada a possibilidade de repensar três importantes tópicos, na atualidade, para a ciência geográfica. Em primeiro lugar, tem-se a *cartografia ambiental* – analítica e de síntese (integradora) – destacada aqui pelas "representações gráficas" na leitura da paisagem. Em segundo, o próprio estudo da *paisagem* pela proposta de ordenar e inventariar as "unidades de paisagem". E, por fim, o *planejamento territorial* permitido pelo estudo em "zoneamento ambiental". Assim, para destacar como e em que momento as pesquisas de zoneamento ambiental consagram-se na geografia, os problemas ainda persistentes serão os pontos de partida. Rever como a representação gráfica, como meio de comunicação, vem sendo tratada, no contexto ambiental, durante a evolução do estudo da paisagem, será o ponto intermediário. E a proposta maior, a representação gráfica das unidades de paisagem no zoneamento ambiental, destacada aqui com base em um estudo de caso com aplicação municipal, será o ponto de chegada.

O zoneamento ambiental constitui uma técnica caracterizada pelo ordenamento, em áreas homogêneas, de zonas que possuem um potencial de uso ambiental. Esse potencial é obtido por meio de uma análise integrada das unidades de paisagem, como um "todo sistêmico", em que se combinam a natureza, a economia, a sociedade e a cultura.

Hoje, esse instrumento de ordenação territorial está íntima e indissoluvelmente ligado ao desenvolvimento da sociedade, pois, na atualidade, representa:

> o principal mecanismo de efetivação das ações no espaço territorial, seja por meio de diagnósticos, estudos de impactos, levantamentos físicos territoriais, seja pela análise socioeconômica. Levantamentos que garantem a equidade na distribuição territorial como prerrogativa para uma melhor qualidade de vida da sociedade. (Oliveira, 2003, p.2)

Incorporado às diretrizes federais, o zoneamento ambiental procura definir as restrições e/ou adequações de uso e ocupação do solo para uma atuação ambiental mais efetiva, fundamentando as etapas de planejamento e gestão ambientais no estabelecimento de legislações específicas que promovam, além da proteção, a recuperação da qualidade ambiental do espaço físico-territorial.

Nessa perspectiva, seu objetivo agrega mais atribuições. Não tem apenas a mera função de ordenar espaços com potenciais de uso ambiental. Cabe-lhe também a função de compatibilizar o crescimento territorial, das áreas urbanas e rurais, em consonância com a adequabilidade de usos segundo suas características ambientais.

Associado aos fundamentos metodológicos da representação gráfica (semiologia gráfica), o zoneamento pode ser um importante instrumento de estudo das unidades de paisagem não apenas ao fornecer uma cartografia ambiental de síntese que busca representar – por meio de mapeamentos temáticos – a relação dos componentes que perfazem a natureza como um sistema e dela com o homem, mas também ao permitir uma abordagem dinâmica por meio da elaboração de cenários gráficos, espaciais e temporais, que possibilitam o registro do presente, do passado e principalmente do futuro, no espaço diagnosticado.

A elaboração de mapeamentos temáticos, com abordagem dinâmica e visando à construção de cenários, deve retratar um conteúdo concreto. Assim, esses mapeamentos devem revelar o passado, o presente e o futuro. Cada um desses cenários traz uma interpretação particular de um fato: o que foi (cenário passado), o que é (cenário real), o que será se medidas não forem tomadas (cenário futuro tendencial) e como deve ser (cenário futuro ideal) ante as potencialidades e restrições naturais.

Mesmo com contribuições de diversos trabalhos, a representação gráfica das unidades de paisagem ainda representa um desafio aos mapeamentos temáticos. Segundo Martinelli (1994, p.65), nessa problemática "[...] o que se tem visto é uma cartografia abordando os problemas ambientais mediante uma representação exaustiva polissêmica em vez de utilizar representações gráficas lastreadas nos fundamentos semiológicos de uma linguagem monossêmica adequada".

Tal fato é claramente percebido pela falta de conhecimentos empíricos dos profissionais envolvidos em trabalhos que requerem sua aplicabilidade. E ainda porque muitos trabalhos de geografia relegam a um plano inferior as premissas da linguagem cartográfica, durante a elaboração dos mapeamentos temáticos, em detrimento de estudos que priorizam a discussão sobre conjuntos de operações e/ou manipulações, possibilitados pelos sofisticados *softwares* ligados à geoinformação de dados espaciais.

Deve-se entender que, aplicada às finalidades do zoneamento ambiental, a ciência cartográfica configura-se, *a priori*, como meio de comunicação, uma linguagem gráfica que possui a própria semiologia, exigindo, portanto, como em qualquer outra área científica, o mínimo de procedimentos metodológicos por parte daqueles que a utilizam.

Em meio a essas questões, percebe-se que a análise integrada do ambiente pode fornecer importantes contribuições ao estudo das práticas sociais, sobretudo de seu relacionamento com a dinâmica física do ambiente em que a sociedade se insere.

Nas últimas décadas, o zoneamento ambiental vem se configurando como uma prática de ordenamento territorial para o estudo das diferentes unidades de paisagem. Nesse sentido, a elaboração de mapeamentos temáticos de síntese que expressem o nível de conhecimento científico disponível para compreender e integrar as variáveis físicas e socioeconômicas e projetar o comportamento do ambiente, segundo suas reais potencialidades e vulnerabilidades, representa um campo de estudo de indiscutível relevância no âmbito da pesquisa ambiental. Razões que viabilizam cada vez mais seu estudo e sua aplicação.

Considerando tais apontamentos e para que os mapeamentos possam ser incorporados como instrumentos eficazes na tomada de decisão, entre planejadores, usuários e atores sociais do planejamento, o grande objetivo, e talvez maior desafio, deste livro é apresentar uma proposta metodológica, fundamentada no paradigma estruturalista (semiologia gráfica), para a representação gráfica das unidades de paisagem, na tentativa de contribuir com uma sistematização de uma cartografia que contemple subsídios ao zoneamento ambiental.

Para atingir tal propósito, esta obra lança alguns desafios específicos:

- Sistematizar um *layout*, de cunho estruturalista, como proposta metodológica para o tratamento gráfico dos mapeamentos temáticos, lançando o princípio dos vários níveis de leituras (leitura bidimensional (x,y), em perspectiva (x,y,z) e iconográfica, associada à legenda por coleção de mapas) como modelo ideal para a representação e comunicação cartográfica das unidades de paisagem no zoneamento ambiental ou em qualquer outro trabalho que envolva análise ambiental integrada da paisagem.
- Levantar algumas discussões na geografia como: a importância do zoneamento ambiental na geografia e no planejamento físico-territorial; a representação e o estudo da paisagem no contexto ambiental; a comunicação cartográfica e a representação gráfica das unidades de paisagem. Não se pretende resgatar nem muito menos esgotar todos os pontos passíveis de discussões desses temas, diluídos nos três capítulos subsequentes. Pretende-se, apenas, retomar alguns pontos considerados importantes, com o intuito de "estimular um repensar" sobre como o geógrafo e a

geografia vêm trabalhando a representação gráfica da paisagem no contexto ambiental, sobretudo aqueles que se destinam a públicos diversificados, como o caso do zoneamento ambiental.

• Apresentar uma proposta de zoneamento ambiental, com recorte municipal, para efeito de estudo de caso (elaboração dos mapas temáticos, segundo os vários níveis de leitura), tendo como base o procedimento metodológico de Mateo Rodriguez (1990), que recomenda uma cartografia de síntese – o "mapa das unidades geoambientais" – como proposta para o diagnóstico e prognóstico do cenário enfocado.

• Ante os avanços geotecnológicos e as novas formas de comunicação cartográfica, objetiva-se também criar um aplicativo executável que ofereça ao usuário a possibilidade de um "voo em 3D" sobre os diferentes usos e ocupação do solo que compõem as unidades de paisagem da área estudada. A ideia aqui é apresentar as novas interatividades da cartográfica multimídia, como plataforma de representação dinâmica, que leve o usuário a conhecer a paisagem real por meio de um "sobrevoo virtual", tendo como simulador apenas a tela do computador.

Diante de tais aspectos, quanto ao tema e a sua abrangência geográfica, acredita-se que tanto a representação gráfica das unidades de paisagem como a cartografia de síntese (integradora) constituem grande desafio e motivo de debates nos cenários contemporâneos da cartografia temática ambiental (cartografia das paisagens).

Seja pela falta de uma clara sistematização, quanto às representações gráficas monossêmicas, em trabalhos ligados ao planejamento ambiental, seja pelas práticas sociais que intensificam os desequilíbrios ambientais, a diagnose ambiental e a proposição de medidas que atuem diretamente no (re)ordenamento territorial, a partir da visão de usos inadequados do solo, pelos mapeamentos temáticos, vêm se tornando cada vez mais pertinentes nas pesquisas acadêmicas.

A maior questão prevalente, no entanto, se traduz na necessidade de enaltecer uma cartografia de síntese que atenda, no zoneamento ambiental, aos fundamentos de legibilidade da comunicação cartográfica.

Pelas pesquisas bibliográficas, pode-se constatar que, infelizmente, não existe ainda uma "fórmula". Este trabalho, além de propor algumas reflexões, talvez com tendências às respostas, pretende compartilhar preocupações e dilemas que ainda se perpetuam no estudo da representação gráfica das unidades de paisagem.

1

A IMPORTÂNCIA DO ZONEAMENTO AMBIENTAL NO PLANEJAMENTO FÍSICO-TERRITORIAL

A partir do momento em que a geografia despertou para os estudos ambientais, estes se converteram em um campo amplamente utilizado. Tais repercussões podem ser observadas, nos últimos anos, pelos numerosos trabalhos que utilizam as diretrizes do planejamento físico-territorial para obter o diagnóstico da organização socioespacial.

Em outras palavras, a ocupação dos espaços, por vezes de forma inadequada e causando graves consequências ao ambiente, impõe a necessidade do zoneamento ambiental a fim de compatibilizar e adequar os usos e ocupação do solo.

Nesse aspecto, este capítulo apresenta uma discussão sobre os dédalos dos termos planejamento, gerenciamento, gestão e zoneamento ambientais, atualmente percebidos nos trabalhos científicos, e aponta ainda para os grandes desafios que o zoneamento assume como um dos instrumentos legais para efetivar o planejamento ambiental.

A eclosão ambiental e o dédalo dos termos ambientais na geografia

A crescente preocupação com as questões ambientais, por parte da comunidade científica, teve maior iniciativa a partir da Conferência das Nações Unidas sobre o Meio Ambiente, realizada em Estocolmo, em 1972. Foi com base nas problemáticas levantadas nesse evento que se fixou a necessidade de discutir as questões ambientais e também indagar a respeito da participação do homem como agente modelador e transformador do sistema ambiental.

Desde então, muitos esforços têm sido desenvolvidos para estabelecer bases metodológicas para estudos que viabilizem a questão ambiental. Nesse desafio, envolveram-se universidades, empresas de consultoria e projetos, institutos de pesquisa, órgãos públicos, associações ambientalistas e profissionais liberais de diversas áreas.

Algumas organizações internacionais também participaram desse processo, como o Banco Internacional de Reconstrução e Desenvolvimento (Bird), o Banco Interamericano de Desenvolvimento (BID), a Organização das Nações Unidas para a Agricultura e Alimentação (FAO) e o Programa das Nações Unidas para Desenvolvimento (Pnud) (Macedo, 1991), que, desde então, passaram a contribuir diretamente com programas de caráter ambiental.

Esses esforços ganham total expressividade em escala mundial após as repercussões da Conferência das Nações Unidas sobre Meio Ambiente e Desenvolvimento Humano, conhecida como ECO-92, realizada em 1992, na cidade do Rio de Janeiro.

Dentre as diversas contribuições (e também frustrações) conferidas pelos 179 países participantes, a formalização da Agenda 21 Global[1] constituiu o marco do ambientalismo contemporâneo (Braga, 2001a). O citado documento é entendido como um programa de metas e ações, elaborado pelos países ali presentes, cujo objetivo maior buscava garantir a biodiversidade mundial por meio de um novo padrão de desenvolvimento capaz de conciliar os métodos de

---

1 Vale citar que a Agenda 21 Global aprovada pelos 179 países participantes tem a importante função de servir como base para que cada um desses países elabore e implemente suas próprias "agendas" em três níveis: nacional, estadual e municipal. Compromisso assumido e assinado por todos os signatários durante a ECO-92.

proteção ambiental, a justiça social e eficiência econômica. Em outras palavras, o chamado desenvolvimento equilibrado e/ou sustentável.[2]

Com este propósito – a conquista da sustentabilidade –, surgem vários pesquisadores, a partir da década de 1992, egressos de diversos ramos científicos, que se propuseram a explicar as possíveis relações, mediações, contradições e oposições entre os componentes que contextualizam natureza e sociedade. Segundo Moura & Silva (2002 p.7-8), essa contextualização fez que "[...] definições, conceitos, teorias, métodos e técnicas se proliferassem cada vez mais na busca de tentar suprir a lacuna criada entre o bem-estar humano (conforto material) e o equilíbrio ambiental".

A geografia, por sua vez, assim como as demais geociências que atendem à crescente demanda imposta pelas questões ambientais, também assume esse papel. E, pouco a pouco, o campo de trabalho dos profissionais geógrafos, que, tradicionalmente, restringia-se somente aos exercícios da docência e licenciatura, conquista novos espaços, sobretudo aqueles que requerem estratégias de análise espacial para um eficiente planejamento e gerenciamento físico-territorial.

Contudo, de forma similar ao ocorrido no setor da informática – quando da eclosão de equipamentos com altas tecnologias –, no decorrer dessa conquista surgiu um descompasso entre as definições e aplicações de conceitos relacionados ao planejamento, sobretudo do "meio ambiente".

Embora não seja objetivo deste trabalho fomentar maiores discussões sobre a origem e definição da palavra "meio ambiente" na geografia, não se pode deixar de mencionar que seu próprio conceito é ainda, na atualidade, uma questão relativamente polêmica.

Para Carramenha (1999 apud Moura & Silva, 2002, p.30), estudioso da semântica, a grande confusão ocorre porque, na maioria das

---

2 Trata-se de um modelo criado pela Organização das Nações Unidas (ONU) por meio de sua Comissão Mundial para o Meio Ambiente e Desenvolvimento, que preconiza satisfazer as necessidades presentes sem comprometer os recursos necessários à satisfação das gerações futuras, buscando atividades que funcionem em harmonia com a natureza e promovendo, acima de tudo, a melhoria da qualidade de vida de toda a sociedade (WRI, 1992).

oportunidades, os diversos trabalhos que utilizam a expressão "meio ambiente" aplicam diretamente um pleonasmo enfático, já que: "[...] MEIO é aquilo que está no centro de alguma coisa, e AMBIENTE compreende o lugar onde vivem os seres".

O *Novo Aurélio* (Ferreira, 1999), com palavras similares, confirma essa proposição ao definir *meio* como o "Lugar onde se vive" (p.1309) e *ambiente* como lugar "Que cerca ou envolve os seres vivos ou as coisas" (p.117).

De acordo com ambas as definições, a palavra ambiente já traz implícito o conceito de meio, não havendo necessidade de empregar esse pleonasmo para explicar a totalidade dos fenômenos ambientais. São discussões breves, porém proporcionam definições claras e suficientes para influenciar este trabalho, que opta pelo uso do termo "ambiente" para referir-se a tudo aquilo que se encontra em um determinado espaço.[3]

Além desse pleonasmo, a própria palavra "ambiental" é um adjetivo que vem se estabelecendo com grande velocidade, mas pouca propriedade, nos diversos trabalhos de geografia. Tal fato é claramente percebido pela grande confusão epistemológica que, habitualmente, acontece entre planejamento ambiental, gerenciamento ambiental, gestão ambiental e zoneamento ambiental.

Explicitando melhor, muitos trabalhos indicam equivocadamente *planejamento ambiental* como sinônimo de *gerenciamento ambiental*. Também a *gestão ambiental*, algumas vezes, passa a ser entendida como planejamento, em outras como gerenciamento e noutras tantas como a soma de ambos. Ou, em diversos casos, apresenta-se *zoneamento ambiental* como sinônimo de planejamento ambiental.

Tais confusões só comprovam o dédalo[4] ainda persistente em alguns trabalhos científicos, quando esses termos são aplicados. Embora apontem para uma proposta comum, a análise "ambiental" ou do "ambiente", cada um possui uma etapa distinta e importante nesse processo.

---

3 "Meio ambiente" é uma expressão clássica e relativamente antiga não apenas na geografia, mas também nas geociências afins.

4 Essa palavra é também utilizada por Santos (2004, p.27) para reforçar o cruzamento confuso de caminhos no que se refere ao uso de tais terminologias em diversos trabalhos de ecologia.

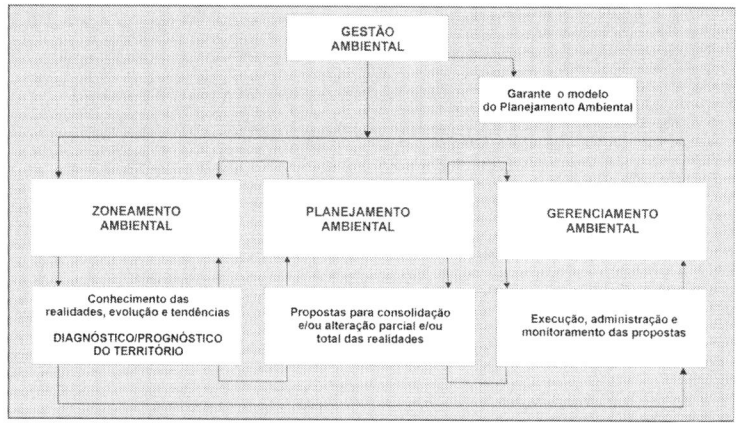

Fonte: Modificada de Santos (2004, p.27).

Figura 1 – Interações entre planejamento, gerenciamento, gestão e zoneamento ambientais.

Numa abordagem etimológica, a palavra *planejamento* significa propor metas; *gerenciamento*, controlar e monitorar; *gestão*, instituir medidas, as quais podem ser administrativas, jurídicas, socioeconômicas ou ambientais; e *zoneamento*, ordenar "zonas", com o propósito de hierarquizar e identificar as áreas homogêneas da paisagem para o delineamento das potencialidades e restrições de seu território.

Com base nessas concepções, o *planejamento ambiental* torna-se uma fase interativa entre as demais etapas. Por meio de uma proposta de ordenamento e procedimentos, instituída logo nas primeiras fases, seu principal objetivo é garantir o desenvolvimento sustentável, ou seja, prover ou promover as condições necessárias para o desenvolvimento efetivo da produção social, e todas as atividades da população, por meio do uso racional e da proteção dos recursos do ambiente.

Para Mateo Rodriguez (1994, p.583-4), essa articulação somente procederá se os quatro níveis ambientais, destacados a seguir, estiverem devidamente integrados:

• Organização Ambiental do Território: determina um modelo constituído por tipos fundamentais de uso para cada parte do território; suas entidades de operacionalização, e os instrumentos administrativos, jurídicos e sociais que assegurem sua aplicação.

• Avaliação Ambiental de Projetos: processo dirigido para determinar e avaliar a responsabilidade ambiental potencial das ações e obras previstas a serem estabelecidas no território.

• Auditoria e Peritragem Ambiental: ferramentas usadas para conhecer a eficácia dos programas ambientais, o controle do Estado, a qualidade ambiental, os problemas ambientais nos territórios e as responsabilidades ambientais das diferentes entidades, com o propósito de aplicar medidas dirigidas a corrigir ou mitigar impactos.

• Gestão do Modelo de Planejamento Ambiental: implica a colocação em prática dos elementos estratégicos e táticos do planejamento ambiental, por meio de medidas administrativas, jurídicas e econômicas pertinentes.

Alguns autores, como Leal (1995), Meirelles (1997), Menezes (2000), Morelli (2002), Oliveira (2003) e Santos (2004), destacam, em linhas gerais, que o planejamento ambiental surgiu, nas três últimas décadas, em razão do aumento dramático da competição por terras, água, recursos energéticos e biológicos. Esses cenários geraram a necessidade de organizar o uso da terra, de compatibilizar esse uso com a proteção de ambientes ameaçados e de melhorar a qualidade de vida das populações. Essa corrente de ideias é defendida, sobretudo, por Santos (2004). Surgiu também como uma espécie de resposta adversa ao desenvolvimento tecnológico (que os autores definem como puramente materialista), buscando o desenvolvimento como um estado de bem-estar humano, em vez de um estado de economia nacional.

Nos anos 80, a expressão planejamento ambiental foi entendida por muitos apenas como o planejamento de uma região, visando integrar informações, diagnosticar o ambiente, prever ações e normatizar o uso por meio de uma linha ética de desenvolvimento. Sob esse enfoque, os planejadores passaram a preocupar-se com a conservação e com os impactos resultantes das lógicas sociais e econômicas sobre a natureza, e os princípios do planejamento remetem-se diretamente aos conceitos de sustentabilidade e multidisciplinaridade que exigem uma abordagem holística de análise para posterior aplicação.

O *gerenciamento*, por sua vez, figura nas fases posteriores do ordenamento, ligadas à aplicação, à administração, ao controle e monitoramento das alternativas propostas pelo planejamento, com o propósito de garantir o cumprimento de suas metas.

Já a *gestão* deve ser interpretada como a integração entre o planejamento, o gerenciamento e a política ambientais. Assim, implica a articulação prática do modelo de planejamento ambiental por meio da adequação de medidas e diretrizes de caráter administrativo, jurídico e econômico.

Por último, o *zoneamento ambiental* é uma técnica, com estratégias metodológicas, representativa de uma etapa do planejamento. O zoneamento define espaços segundo critérios de agrupamentos preestabelecidos, os quais costumam expressar potencialidades, vocações, restrições, fragilidades, suscetibilidades, acertos e conflitos de um território. O planejamento, por sua vez, estabelece diretrizes e metas a serem alcançadas dentro de um cenário temporal, relativas a esses espaços tematicamente delineados e representados.

Assim, nos princípios norteadores de um planejamento ambiental estão incluídas as etapas do gerenciamento, da gestão e do zoneamento ambientais, uma vez que seus procedimentos exigem, segundo Serrano Rodriguez (1991, p.125) e Mateo Rodriguez (1994, p.585), os seguintes âmbitos:

- [...] revelar as potencialidades e restrições do território;
- conceber a racionalidade dos sujeitos sociais que constituem os atores da ocupação do espaço, arbitrando políticas que tendam à um manejo adequado dos recursos;
- tender à busca do equilíbrio entre as eficiências ecológicas, econômicas e social;
- encaminhar à gestão modelos alternativos do uso da capacidade de suporte do meio ambiente;

- integrar indicadores ambientais, proporcionando um marco real de informações ecogeográficas;
- constituir um sistema hierarquicamente articulado de técnicas e procedimentos normativos;
- conceber o território e o espaço como sistemas complexos, formados por unidades taxonômicas dispostas hierarquicamente, suscetíveis a uma organização e assimilação planejada.

Portanto, sobre planejamento e zoneamento ambientais, pode-se dizer que são absolutamente indissociáveis. Na realidade, é o segundo que garante o ideário a que o primeiro se propõe. Enquanto o planejamento ambiental tem um enfoque essencialmente ligado à conservação dos elementos naturais e à qualidade de vida do homem, o zoneamento é usado como um instrumento legal para implementar normas de uso e ocupação do território segundo suas características ambientais.

O reconhecimento dessas áreas, que se restringe a analisar o ambiente e classificar seus atributos, não representa, entretanto, um trabalho concluído nesse processo. Pelo contrário, trata-se apenas de um subsídio ao planejamento ambiental, necessitando, posteriormente, de estudos, análises, elaboração de modelos e complementações metodológicas que conduzam as orientações para o melhor aproveitamento do uso e da ocupação do solo dentro de cenários espaciais e temporais.

Zoneamento ambiental: instrumento de ordenação territorial

O zoneamento ambiental constitui uma técnica caracterizada pelo ordenamento, em áreas homogêneas, das zonas que possuem um potencial de uso ambiental. O que determina esse potencial é a análise integrada dos elementos da paisagem, considerada neste trabalho como um "todo sistêmico", em que se combinam a natureza, a economia, a sociedade e a cultura.[5] Em outras palavras, o zoneamento ambiental pode ser entendido como uma proposta metodológica de uso do território segundo suas potencialidades e vocações socionaturais.

Ambos os conceitos exprimem, de forma muito clara, que, para promover um zoneamento, o planejador deve reconhecer, suficientemente, a organização e dinâmica do espaço em sua totalidade, bem como as similaridades dos elementos que compõem seu grupo. Ao mesmo tempo, deve perceber as claras distinções entre os grupos vizinhos, fazendo uso de uma análise múltipla e integradora.

Nessa perspectiva, é fundamental a definição de Santos (2004, p.133):

> o Zoneamento é, antes de tudo, um trabalho interdisciplinar predominantemente qualitativo, mas que lança mão de uso de análise quantitativa, dentro de enfoques analítico e sistêmico. O *enfoque analítico* refere-se aos critérios adotados a partir do inventário dos principais temas, enquanto que o *enfoque sistêmico* refere-se à estrutura proposta para a integração dos temas e aplicação dos critérios, resultando em síntese do conjunto de informações.

Associado ao planejamento, o zoneamento ambiental torna-se um importante procedimento de ordenação territorial, dada a possibilidade de conhecer as potencialidades e fragilidades da paisagem, por meio da elaboração de cenários, apresentados sob as variadas formas de representação cartográficas: mapas, matrizes, diagramas ou índices.

---

5 Sobre a análise integrada dos elementos da paisagem, sobretudo dos elementos físicos, Cunha & Mendes (2005, p.112) esclarecem que, na teoria geral dos sistemas, a qual tem sido amplamente utilizada em estudos ambientais, a integração das informações dos elementos físicos da paisagem deve ser concebida como um sistema aberto, no qual é inerente a ideia de que, quando se altera um elemento deste, todo o sistema será afetado. A partir de então, seu funcionamento procurará um novo ponto de equilíbrio perante essa mudança, ou seja, procurará produzir um autoajustamento à nova situação.

A cada zona, atribui-se um conjunto de normas específicas, dirigidas para o desenvolvimento de atividades e para a conservação do meio. Essas normas definem políticas de orientação, consolidação e revisão de alternativas existentes ou formulação de novas alternativas de ação.

Pensando nisso, sem dúvida, a representação cartográfica tem suma importância no processo do planejamento, por permitir ideias rápidas, gerais e integradoras do estado ambiental e da situação espacial da paisagem.

O mapa ajuda muito na tomada de decisões e, principalmente, na representação espacial dos problemas. Na realidade, os mapeamentos temáticos tornam-se ferramentas que envolvem, pelo menos, três fases no zoneamento, cada qual compreendendo um processo: a seleção e obtenção dos dados de entrada, a análise integrada e a elaboração de indicadores que servirão de base para a tomada de decisão.

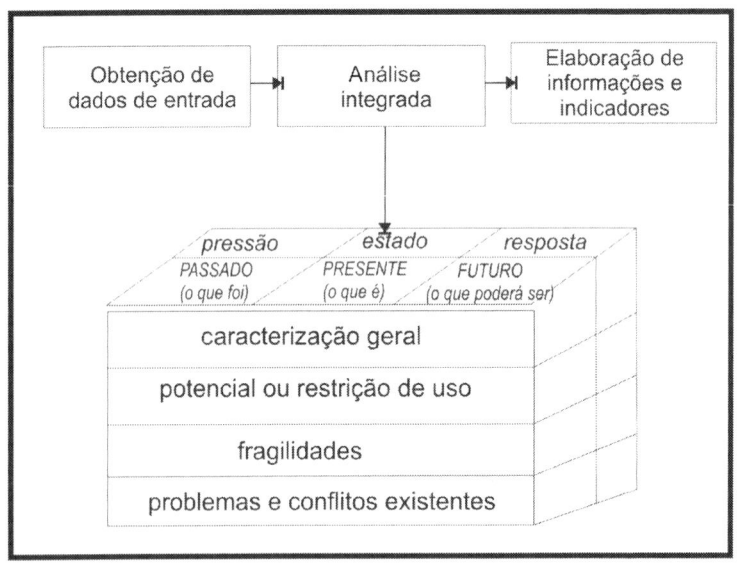

Fonte: Modificada de Fidalgo (2003, p.40).

Figura 2 – Três fases do zoneamento ambiental.

Isso significa que a grande contribuição da geografia, bem como do geógrafo, em trabalhos de zoneamentos ambientais, é definir as atividades que podem ser desenvolvidas em cada compartimento e, assim, orientar a forma de uso e ocupação do solo, eliminando conflitos entre tipos incompatíveis de atividades, principalmente nas áreas de mananciais, matas ciliares, fundos de vale, áreas sujeitas a inundação, altas declividades, cabeceiras de drenagem, verdes intraurbanos, concentração de poluição atmosférica, suscetibilidades ao fenômeno das ilhas de calor, reservas de aquíferos, probabilidades de processos erosivos, instabilidades litológicas e estruturais do substrato rochoso, entre outros.

Assim como o planejamento, o zoneamento também é frequentemente adjetivado nos trabalhos científicos, dando uma conotação específica às respostas esperadas. Eles se diferenciam na maneira de expressar os objetivos e as metas principais, o que induz a caminhos metodológicos bem distintos. Mas, independentemente dos adjetivos associados, todos têm um resultado comum: a delimitação de zonas definidas a partir da homogeneidade determinada conforme critérios preestabelecidos.

Dentre os zoneamentos comumente utilizados, no Brasil, em planejamento ambiental (ver Quadro 1), sob o ponto de vista metodológico, segundo Santos (2004, p.134-5), podem-se fazer as seguintes generalizações:

- O *zoneamento ecológico* é desenvolvido com base no conceito de unidades homogêneas da paisagem.
- O *zoneamento agropedoclimático* trabalha sobre a abordagem integrada entre as variáveis climáticas, pedológicas e de manutenção da biodiversidade e o agroecológico, pela aptidão agrícola e pelas limitações ambientais, tanto para o meio rural como florestal.
- O *zoneamento de localização de empreendimentos* define zonas de acordo com a viabilidade técnica, econômica e ambiental de obras civis.

- A proposta para as *unidades de conservação* (Lei n° 9.9985 de 18 de julho de 2000) define as unidades ambientais basicamente em função dos atributos físicos e da biodiversidade, sempre com vistas à preservação ou conservação ambiental.
- O *zoneamento ecológico-econômico* (ZEE), na última década, tem sido adotado pelo governo brasileiro como o instrumento principal de planejamento. Sua visão sistêmica propicia a análise de causa e efeito, permitindo estabelecer as relações de dependência entre os subsistemas físico, biótico, social e econômico.
- E, por último, o *zoneamento ambiental* (Lei n° 6.938 de 31 de agosto de 1981), foco desta pesquisa, prevê preservação, reabilitação e recuperação da qualidade ambiental. Assim, trabalha, essencialmente, com indicadores ambientais que destacam as potencialidades, as vocações e as fragilidades do meio natural. Essa concepção de zoneamento torna-o muito utilizado pelos planejadores ambientais.

Sobre este último, Mateo Rodriguez (2003, p.16)), em uma entrevista concedida ao Programa de Pós-Graduação da Unesp/Presidente Prudente e recentemente na disciplina concentrada – "Geografia das paisagens, geoecologia e planejamento ambiental" – oferecida no primeiro semestre de 2006 pelo mesmo programa e instituto, alerta que:

> na atualidade, existem dois tipos de Zoneamentos Ambientais: 1) Zoneamento como Inventário, cujo objetivo tem se restringido apenas em determinar a organização ambiental do território, através da classificação de zonas expressas em mapas da paisagem; e o 2) Zoneamento Geo-Ambiental, que na literatura de zoneamento indica como usar o território nos três níveis: a) *usos funcionais* (que tipo de uso se pode utilizar); b) *intensidade de uso* (indica a capacidade de suporte que podem ter os sistemas); e c) *medidas necessárias* (quais as providências que devem ser tomadas para pôr em prática o modelo ambiental proposto – o modelo de uso das unidades de paisagem).

Quadro 1 – Tipologias de zoneamentos

PREVISTOS NA LEGISLAÇÃO BRASILEIRA	NÃO PREVISTOS NA LEGISLAÇÃO BRASILEIRA
Ambiental (*Inventário* ou *geoambiental*)	Agropedoclimático
Ecológico-econômico (ZEE)	Ecológico
	Locação de empreendimentos

Fonte: Modificado de Santos (2004, p.133).

Existem, entretanto, alguns contrapontos entre a proposta e a prática do fazer: embora a concepção de zoneamento ambiental se baseie na interdisciplinaridade e integração de informações, para o delineamento de áreas homogêneas, quase sempre suas diretrizes não priorizam essa abordagem.

Além disso, apesar de muitos adotarem um enfoque sistêmico, grande parte das informações é qualitativa e originária de diferentes métodos e escalas, apresentando muitas vezes estimativas e não respostas exatas.

Para Santos & Rutkowski (1998, não pag.), tais apontamentos contribuem para que:

os Zoneamentos Ambientais, pelo menos no Brasil, não representem de forma eficiente a realidade, nem atinjam o ideário a que se propõem. O momento é de reflexão sobre a eficiência do discurso teórico, bem como sobre a construção de suas teorias e dos métodos. Esses são, na atualidade, os grandes entraves e os maiores desafios para esta área de conhecimento.

Nesse mesmo direcionamento, porém fazendo uma analogia diretamente entre os zoneamentos ambientais brasileiros produzidos ao longo dos anos 90 com os atuais, especialmente o zoneamento ecológico-econômico (ZEE) que está em andamento em vários estados brasileiros, Mateo Rodriguez (2003, p.17) ressalta que:

analisando algumas experiências de ZEE no Brasil, observa-se que elas tratam mais de uma necessidade da sociedade, do próprio Estado brasileiro para conseguir a governabilidade do espaço, tentar a governabilidade para determinar instrumentos para pensar a tomada de decisões. Situação na atualidade, o que está acontecendo com o zoneamento brasileiro, resume-se em três pontos: 1) o que se faz, na maioria dos trabalhos, não é Zoneamento, pois não chega quase nunca a propostas; 2) quando tem alguma proposta, estas não são integradoras, são apenas propostas por recursos; 3) apresentam muitos problemas entre interação e articulação. Ou seja, são visivelmente coisas feitas por diferentes disciplinas que não têm nenhuma integração. Cada disciplina pega um objeto e aí não tem uma articulação integradora. Então, o próprio processo de construção da realidade ambiental apresenta-se como um processo fragmentado.

Agora, se transportado para a área urbana, o zoneamento ambiental esbarra na própria política ambiental, motivo pelo qual, mesmo sendo um dos instrumentos urbanísticos mais difundidos, também é o mais criticado. Primeiro, por sua eventual ineficácia, ficando aquém dos reais problemas socioambientais das cidades. E, segundo, pelo efeito negativo que proporciona, de um lado, pela especulação imobiliária e, de outro, pela segregação socioespacial.

Ao abordarem seriamente o alcance ambiental como instrumentos de gestão urbana, Braga & Carvalho (2003, p.120-1) apontam:

São três os principais fatores ligados à qualidade ambiental das cidades: 1) o consumo dos recursos naturais (sendo a água o principal); 2) o despejo de resíduos no ambiente (fundamentalmente no ar e na água); e 3) as formas de uso e ocupação do solo (através de impactos no meio e na população) [...] No entanto, as políticas ambientais têm se focado basicamente nos dois primeiros pontos, ficando *o terceiro* restrito ao campo do planejamento urbano, notadamente pelo fato dos dois primeiros serem objeto da União e dos Estados e o último, do Município. *Assim*, ocorre um déficit de política urbana por parte dos primeiros e uma *total* carência de política ambiental, por parte deste último. Dessa falta de articulação decorre a maior parte dos problemas de gestão ambiental nas cidades brasileiras. (grifos nossos)

Além das diferentes ineficiências, bem lembradas por Braga & Carvalho (2003), existem atualmente outros desafios intrínsecos aos abordados que devem merecer uma atenção especial da geografia, sobretudo aqueles que se destinam ao planejamento e à gestão ambiental-físico-territoriais. São eles: 1. a delimitação da área de influência do ambiente; 2. a questão da mensuração escalar; e 3. a cartografia de síntese ambiental. Esses aspectos serão, individualmente, abordados a partir de agora.

A área de influência no zoneamento ambiental

No zoneamento ambiental, a questão da delimitação da área de influência ainda permanece indefinida quanto a critérios, metodologia e escalas apropriadas para estudo de diversos tipos de interferências modificadoras do ambiente.

Para definir a área de estudo, devem-se considerar a complexidade dos principais problemas a serem levantados, as escalas (geográficas e cartográficas) necessárias para avaliar as questões socioambientais e o tamanho (proporção) das unidades territoriais envolvidas.

A questão maior é entender que sempre existirão diferentes estratégias, caminhos e objetivos no momento da delimitação da área de influência do zoneamento ambiental.

A adoção da *bacia hidrográfica* como unidade de planejamento, no entanto, é de aceitação universal. Primeiro, porque constitui um sistema natural "composto por um conjunto de terras drenadas por um rio principal e seus afluentes" (Guerra, 1993). E, segundo, onde as interações podem ser interpretadas, *a priori*, pelo *input* e *output* dos fluxos de matérias e energias.

Na geografia, as bacias hidrográficas são tratadas como unidades físicas importantes para o planejamento de desenvolvimento regional, uma vez que constituem uma unidade geográfica espacial onde sociedade e natureza se integram, além de representar fácil reconhecimento e caracterização.

No Brasil, a seleção da bacia hidrográfica como área de estudo para avaliação ambiental é prevalente em muitos estudos acadêmicos, como também em pelo menos um ato legal – a Resolução do Conselho Nacional de Meio Ambiente (Conama) n° 001/86 – que, no artigo 5°, item III, declara: "devem-se definir os limites da área geográfica a ser direta ou indiretamente afetada pelos impactos, denominada de área de influência do projeto, considerando, em todos os casos, a bacia hidrográfica na qual se localiza".

No Estado de São Paulo, além da Resolução do Conama n° 001/86, existe o Decreto n° 41.990/97, instituído pelo governo estadual, que:

> com o apoio do Banco Mundial, vem desenvolvendo o Programa Estadual de Microbacias Hidrográficas, uma estratégia, voltada principalmente à agricultura familiar, de implantação de sistemas de produção agropecuária, visando a melhoria da qualidade de vida e da renda do agricultor, o aumento da produtividade, a recuperação de áreas degradadas e a preservação dos recursos hídricos [...]. (Braga & Carvalho, 2003, p.123)

Sem dúvida, essa unidade espacial é fundamental, entretanto cada vez mais vêm crescendo as discussões acadêmicas, principalmente na geografia e ecologia, que estabelecê-la como regra para o limite da área de estudo pode se tornar, algumas vezes, inadequado.

Para aqueles que defendem esse ponto de vista, sobretudo os que trabalham com a ecologia da paisagem, é consenso que esse espaço natural há muito tempo inexiste quando se observam as variáveis sociais, econômicas, políticas e culturais. Nesse caso,

> não se pode deixar de considerar que a diversidade de variáveis que conduzem à expansão espacial do campo e das cidades, mesmo das que surgiram às margens de cursos d'água, define novos desenhos hidrográficos, com novas paisagens, nas quais as atividades e as atitudes humanas não obedecem critérios ou limites físicos. Nem mesmo estão em escalas apropriadas a uma representação cartográfica. Agora, quando a bacia hidrográfica torna-se o espaço das funções urbanas ou do campo, a complexidade aumenta, pela diversificação de produtores e consumidores, pelo aumento das relações intrínsecas

e pela sua dependência de fontes externas criando uma malha que, comumente, transcende o território da bacia. (Santos, 2004, p.41)

O cuidado em relação a esse alerta previne que, ao elaborar um zoneamento ambiental, o planejador não deve analisar a dinâmica da paisagem, respeitando apenas o limite da bacia. Pelo contrário, muitas vezes, deve ir além e extrapolar seus limites, uma vez que

> nem sempre as dinâmicas socioespaciais dos limites municipais e esta-duais respeitam os divisores da bacia e, consequentemente, a dimensão espacial de algumas relações causa-efeito, de caráter socioeconômico ou político, podem exceder esta unidade natural. E, se não houver a extrapolação, os dados serão mal-interpretados. Principalmente no que tange à compreensão da dinâmica do meio. (Lanna, 1995, p.63)

Resta então a pergunta: se não bacia hidrográfica, quais padrões e critérios para selecionar a área de influência durante um zoneamento ambiental?

Na geografia, após as bacias hidrográficas, concordando com Santos (2004, p.43), existem pelo menos mais quatro áreas que sobressaem nessa temática (ver Figura 3):

- *Limite territorial*: os planos diretores, por exemplo, referem-se direta ou exclusivamente ao município. Assim, adotam seus limites territoriais legais e restringem os cenários e as propostas a esse recorte espacial. Entretanto, esbarram em outro impasse, de ordem técnica, que não pode ser desconsiderado. No Brasil, os dados socioeconômicos, censitários, de infraestrutura e es-tatísticos estão disponíveis por município e, frequentemente, não obedecem aos limites das bacias hidrográficas. Nesse caso, seu diagnóstico divide-se em meio natural e socioeconômico, dificultando a sobreposição espacial dos dados e a interpretação e delimitação das áreas, supostamente, homogêneas.
- *Raio de ação*: quando um zoneamento tem como objeto uma atividade humana ou um conjunto de atividades que ocorrem de uma forma concentrada, como um distrito industrial, podem-se

usar raios ou polígonos em torno do ponto central, denominados raios de ação. Nessa estratégia, admite-se a ocorrência de áreas concêntricas de interferência de diferentes magnitudes.

- *Corredor*: se o zoneamento visa à conservação de um território onde são comuns padrões de paisagem e atividades em extensão linear, como estradas, linhas de transmissão, matas ciliares ou portos de areia, então se podem utilizar como estratégia áreas em corredores que abrangem uma faixa marginal às atividades e aos padrões de paisagem que se pretende avaliar.

- *Unidade homogênea*: outras vezes, em regiões que apresentam territórios bem definidos por causa das relações e dinâmicas próprias, a estratégia é adotar os próprios limites dessas áreas como unidades homogêneas de trabalho. Porém, não é aconselhável trabalhar esses tipos de áreas de forma isolada. Deve-se fazer uso de diferentes área de trabalho, definidas por diferentes estratégias e estudadas em diferentes escalas. Assim, podem-se somar áreas de bacia hidrográfica, limites legais ou corredores, de acordo com objetivos e abrangência escalar da proposta do zoneamento ambiental.

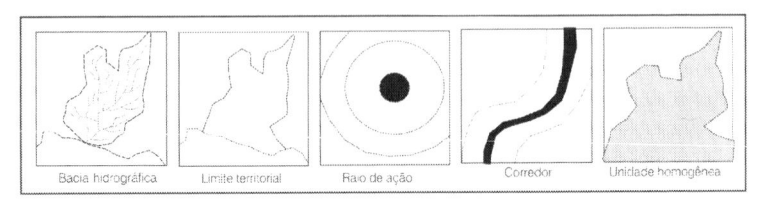

Bacia hidrográfica   Limite territorial   Raio de ação   Corredor   Unidade homogênea

Fonte: Modificada de Santos (2004, p.43).

Figura 3 – Áreas de estudo no zoneamento ambiental.

A mensuração escalar

Há muito tempo, a escala vem se tornando um conceito polissêmico, de muito conflito e pouco debatido nos trabalhos de geografia. Isso geralmente acontece porque, na maioria dos casos, não há uma discussão mais aprofundada das acepções entre as escalas cartográfica e geográfica na análise e representação espacial da paisagem.

Ao abordar a escala como um problema crucial na geografia, Lacoste (2004, p.74-5), em seu clássico livro *A geografia – isso serve, em primeiro lugar, para fazer a guerra*, já apontava que o maior problema surge porque

> escolha da escala de uma carta aparece habitualmente mais como uma questão de bom senso ou de comodidade à qual não se dá a devida importância, ficando a cargo de cada geógrafo escolher aquela que lhe convém, sem estar muito consciente dos motivos dessa escolha.

Diferentemente de outras ciências que não tratam de forma direta do estudo da organização socioespacial, para Lacoste (2004, p.82) o geógrafo necessita compreender que diferenças espaciais (definidas pelo autor como a dinâmica que ocorre nos tamanhos da superfície) implicam diferenças quantitativas e qualitativas dos fenômenos observados, por entender que na dinâmica espacial,

> ao estudar um mesmo fenômeno em escalas diferentes, é preciso estar consciente que são fenômenos diferentes, porque são apreendidos em diferentes níveis de análise espacial que correspondem a diferentes ordens de grandeza dos objetos geográficos.

Ao apresentar essa analogia à geografia, Lacoste (2004) deixa bem claro que a classificação das categorias de conjuntos espaciais ocorre não em razão das escalas cartográficas de representação (representação concebida), mas por causa de seus diferentes níveis de análise, o que é possibilitado pelos diferentes recortes espaciais na realidade (representação percebida).[6]

---

6 Ao discorrer sobre as escalas percebidas (geográficas) e concebidas (cartográficas), Lacoste (2004, p.89) estabelece sete ordens de grandeza que se tornam importantes para classificar os diferentes níveis de análise. Essas ordens são conjuntos espaciais cuja dimensão se mede na: 1ª ordem (em dezenas de milhares de quilômetros), 2ª ordem (em milhares de quilômetros), 3ª ordem (em centenas de quilômetros), 4ª ordem (em dezenas de quilômetros), 5ª ordem (em quilômetros), 6ª ordem (em centenas de metros) e 7ª ordem (em metros).

Contrapondo-se a essa ideia, Castro (2003, p.122-3) aponta que foi a tentativa de separar conceitualmente o que, metodologicamente, é integrado, que tornou as sete ordens de grandeza propostas por Lacoste um problema não apenas delicado, mas insolúvel:

> A ideia de nível de análise como definidora de escala parece a grande problemática [...] porque subsume um sentido de hierarquia, o qual foi profundamente danoso para as diversas abordagens do espaço geográfico [...] A escala é, na realidade, a medida que confere visibilidade ao fenômeno. Ela não define, portanto, o nível de análise, nem pode ser confundida com ele, estas são noções independentes conceitual e empiricamente. Em síntese, a escala só é um problema epistemológico enquanto definidora de espaços de pertinência da medida dos fenômenos, porque enquanto medida de proporção ela é um problema matemático. Assim, ao definir as ordens de grandeza para a análise, Lacoste aprisionou o conceito de escala e transformou-o numa fórmula prévia, aliás já bastante utilizada, para recortar o espaço geográfico. Sua reflexão sobre escala, apesar de oportuna e importante, introduziu um truísmo, ou seja, o tamanho na relação entre território e a sua representação cartográfica.

Mais adiante, em suas conclusões, Castro (2003, p.124) afirma que na geografia:

> o raciocínio analógico entre escalas cartográfica e geográfica dificultou a problematização do conceito, uma vez que a primeira satisfazia plenamente às necessidades empíricas da segunda. Nas últimas décadas, porém, exigências teóricas e conceituais impuseram-se a todos os campos da Geografia, e o problema da escala, embora ainda pouco discutido, começa a ir além de uma medida de proporção da representação gráfica do território, ganhando novos contornos para expressar a representação dos diferentes modos de percepção e de concepção do real.

Para entender tais considerações no zoneamento ambiental, deve-se considerar que cada elemento, componente ou fenômeno sobre a paisagem corresponde a uma representação das informações por meio de uma mensuração escalar.

A escala cartográfica advém de raciocínio puramente matemático para representar o tamanho e a proporcionalidade do real. Já a escala geográfica enfrenta o problema do tamanho, dada a sua prerrogativa de análise espacial e temporal do fenômeno que varia do espaço local ao regional, do regional ao nacional ou mesmo do nacional ao mundial.

Os fenômenos geográficos ocorrem em todas as escalas. Sua percepção, contudo, torna-se impossível, dependendo da escala em que se trabalha, escala esta nem sempre cartográfica.

A escala dos fenômenos que se dão no espaço é geográfica, embora sua representação seja feita por meio da cartográfica. Em determinadas escalas (geográficas maiores), alguns fatores não aparecem ou mesmo são visíveis. Nesse caso, faz-se necessário mudar de escala, o que repercute na perda da visão de alguns desses fatores/agentes.

Quando se converte geograficamente uma escala de grande a pequena, cartograficamente o processo é contrário: o pequeno se transforma em grande e vice-versa. Isso significa que escala geográfica grande corresponde a uma cartográfica pequena. E, inversamente, escala geográfica pequena corresponde a uma cartográfica grande.

Em outras palavras, no mapeamento da paisagem, são os espaços percebidos e os recortes espaciais (escalas geográficas) que determinarão os espaços concebidos (escalas cartográficas), ou seja, a visibilidade na observação do fenômeno (escala geográfica) define a representação do espaço como forma geométrica (escala cartográfica).

Convém mencionar que essa discussão não se esgota, pelo contrário, a partir dela estrutura-se a explicação necessária do fenômeno percebido e concebido, donde a análise geográfica dos fenômenos requer objetivar os espaços na escala em que eles são percebidos. É importante lembrar que, na escala geográfica, os fenômenos visíveis na paisagem são percebidos espacial e temporalmente no espaço.

Assim, geograficamente, em uma escala espacial, é necessário interpretar não apenas a extensão territorial onde o dado vigora, mas também as circunstâncias em que ocorre, em cada ponto do espaço ocupado. O que faz do mapeamento temático um excelente instrumento para avaliar a distribuição, mas, de forma geral, são os trabalhos de campo que permitem interpretar a variabilidade, bem como a intensidade dos fenômenos e elementos físicos de uma área.

Já na escala temporal, há ainda outra questão a ser considerada: a diferença entre o tempo de ocorrência de um fenômeno e o tempo de resposta de um organismo em relação a ele. Mapear a evolução espacial e temporal, por exemplo, é uma tarefa árdua, pois o fixo e o móvel, tanto quanto os fenômenos que provocam sua ocorrência, concentração e distribuição, têm tempos e épocas distintas entre ação e resposta.

> Tempo e espaço são dois aspectos fundamentais da existência humana. Tudo à nossa volta está em permanente mudança. Certos objetos mudam de posição, como também operam-se mudanças nas suas aparências, como por exemplo, o contrataste da vegetação entre o inverno e o verão. (Mueherccke, 1983 apud Martinelli, 1994, p.72)

O ponto fundamental a ser considerado é que não existe uma escala correta e única para diagnosticar as paisagens. Entretanto, isso não significa que não haja regras gerais quanto à escala, mas, sim, que elas devem ser avaliadas com muito cuidado, caso a caso, uma vez que, numa seleção, pode-se estar, muitas vezes, perdendo informações importantes.

Uma preocupação básica para escolher a escala de trabalho ou para entender como a informação pode ser transferida está em determinar sua generalização cartográfica, ou seja, o que se pode e o que não se pode ignorar como informação espacial. Em outras palavras, deve-se julgar, previamente, qual informação é imprescindível e qual pode ser perdida.

Cendrero (1989, p.22), numa visão pragmática concernente à decisão na escolha da escala de trabalho, lembra que planejadores devem:

> considerar, pelo menos, a quantidade de informações ou detalhamento que se quer evidenciar no estudo; a extensão espacial da informação que se quer mostrar; a adequabilidade de uma determinada base cartográfica conforme os objetivos específicos; a quantidade de tempo disponível, e os recursos que se dispõem para mapeamentos.

Segundo Cendrero (1989), a escolha da escala inicia-se com o tipo de zoneamento proposto, que pode ser representado de acordo com três níveis de escalas cartográficas:

- *Macro*: para planejamentos econômicos e ecológicos que, de forma geral, visariam ao desenvolvimento, à identificação de grandes impactos e à avaliação dos recursos naturais existentes.
- *Meso*: para planejamentos ligados à avaliação das potencialidades de uso e proposição de zoneamentos.
- *Micro*: o propósito da análise micro seria estabelecer, quando necessário, um mapeamento detalhado. O que pode acontecer, de forma geral, por meio de planos diretores, uma vez que reduz substancialmente o grau de generalização, revelando, assim, as características particulares das áreas sujeitas à intervenção de zoneamentos.

Quadro 2 – Níveis de escalas cartográficas no planejamento ambiental

PLANEJAMENTO	NÍVEL DE ESCALA	REPRESENTAÇÃO	TIPO DE ESCALA
Econômico e ecológico	Macro	< 1:500.000	Reconhecimento
Zoneamentos	Meso	1:250.000 – 1:25:000	Semidetalhada
Planos diretores	Micro	> 1:10.000	Detalhada

Fonte: Modificado de Cendero (1989, p.20).

A proposição da cartografia de síntese no zoneamento ambiental

Os mapeamentos são representações, em superfície plana, das porções heterogêneas de um terreno, identificadas e delimitadas. Um mapa permite observar as localizações, as extensões, os padrões de distribuição e as relações entre os componentes distribuídos no espaço, além de representar generalizações e extrapolações. Principalmente, deve favorecer a síntese, a objetividade, a clareza da informação e a sistematização dos elementos a serem representados.

Garantidas essas qualidades, os mapas temáticos podem ser os melhores instrumentos de comunicação entre planejadores e atores sociais do planejamento, dada a sua possibilidade de fornecer leitura espacial, interpretação e conhecimento das potencialidades e fragilidades das paisagens, por meio de representações gráfica e visual. Apoiando-se nesse pressuposto, a cartografia:

> fornece um método ou processo que permite a representação de um fenômeno, ou de um espaço geográfico, de tal forma que a sua estrutura espacial é visualizada, permitindo que se infiram conclusões ou experimentos sobre essa representação. (Kraak & Ormelin, 1996, p.84)

Então, em sua etapa, é comum desde a elaboração de mapas por temas (cartografia analítica) até o mapa-síntese (cartografia de síntese), sendo este último fruto da integração das informações, em que é possível ordenar as diferentes unidades geoambientais da paisagem.

Na geografia, a cartografia de síntese não é algo recente. Ela surge entre o fim do século XIX e início do XX, com Vidal de La Blache e a escola francesa, para explicar o estudo e, especialmente, a representação da paisagem.

Desde então, o caminhar do raciocínio de síntese sempre foi muito explorado, principalmente após a inserção dos sistemas de informação geográfica na cartografia, mas ainda persiste certa confusão sobre o que realmente seja uma cartografia de síntese.[7]

Martinelli (2005, p.3561), ao realizar um interessante levantamento sobre a contribuição da cartografia de síntese no âmbito da geografia física, destaca que essa confusão ocorre porque:

---

7 Com o avanço do geoprocessamento nos trabalhos acadêmicos, sobretudo na década de 1990, torna-se comum na cartografia o uso dos sistemas de informação geográfica (SIG) para a elaboração de mapeamentos temáticos, confronto entre cenários e o racicionio de síntese. A substituição da cartografia analógica pela digital proporcionada pelos SIG ocorre por sua capacidade de comparar informações espaciais (mapa) e não espaciais (dados alfanuméricos), com certa agilidade e flexibilidade. A detecção de mudanças ocorre por meio de funções estatísticas e matemáticas que permitem o cruzamento de diferentes mapas temáticos, donde é possível ressaltar as principais transformações espaciais e temporais, e extrair as informações mais significativas.

Muitos ainda a concebem mediante mapas ditos – de síntese – porém não como sistemas lógicos e sim como superposições ou justaposições de análises. Resultam, portanto, mapas muito confusos onde se acumula uma multidão de hachuras, cores e símbolos, até mesmo índices alfanuméricos, negando a própria ideia de síntese.

Na representação de síntese, não há superposição ou justaposição das informações espaciais, mas a fusão delas em diferentes tipologias, classificadas em unidades taxonômicas. Isso significa que, no zoneamento ambiental, a cartografia de síntese (ver Figura 4) permite, além da leitura espacial da paisagem conforme suas unidades taxonômicas, evidenciar agrupamentos de lugares (delimitação de conjuntos espaciais em zonas homogêneas) caracterizados por agrupamentos de atributos ou variáveis (as diferentes unidades de paisagem).

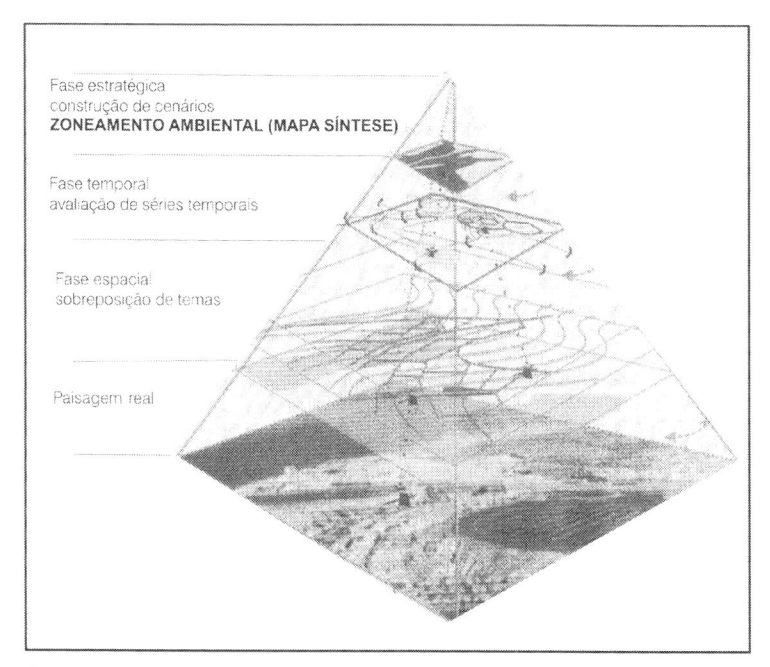

Fonte: Modificada de Santos (2004, p.45).

Figura 4 – Principais procedimentos para a construção de cenários.

Deve-se considerar também que, quando se elaboram os cenários gráficos dos zoneamentos ambientais – mapeamentos temáticos –, o uso da cartografia de síntese (integradora) e ambiental (características ambientais da paisagem) constitui uma proposta indissociável. Por isso, deve-se entender a importância da cartografia ambiental de síntese, nos trabalhos de zoneamento ambiental, pela sistematização das representações gráficas da paisagem segundo suas características e potencialidades ambientais, para o uso e ocupação do solo.

No entanto, quando se trata da cartografia ambiental, outros problemas surgem. Os mapeamentos ambientais realizados até o momento, mesmo proporcionando contribuições valiosas, não respondem a todas as necessidades de uma cartografia ambiental sistemática e eficiente. Vários são os motivos e alguns sobressaem:

- A questão relacionada, por exemplo, à *representação gráfica* ainda é o grande desafio no conhecimento atual dessa área, uma vez que os mapas ambientais apresentam-se dentro de uma linguagem com "[...] representação analítica exaustiva polissêmica (sentido múltiplo), em vez de abordar uma representação gráfica lastreada nos fundamentos semiológicos de uma linguagem monossêmica (sentido único) adequada" (Martinelli, 1994, p.65). E ainda:

na Cartografia Temática a própria concepção de uma cartografia ambiental, ainda constitui-se em um desafio. Várias tentativas foram feitas nestes últimos quinze anos. Mesmo assim, carece-se ainda de um consenso do que seria um mapa do ambiente. (idem)

- Também não se pode ignorar o profundo impacto que o *desenvolvimento da geotecnologia* exerceu sobre a cartografia.

Aplicada ao zoneamento ambiental, a ciência cartográfica é, em princípio, um meio de representação gráfica, exigindo, portanto, como qualquer outro meio de comunicação, um mínimo de conhecimento por parte daqueles que a utilizam.

A partir do avanço dos computadores e da adoção das nomenclaturas, surgidas no início dos anos 80, "cartografia automatizada", "cartografia assistida por computador" ou "cartografia digital", nota-se, no entanto, que os esforços para o uso e tratamento computacional leva a uma maneira revolucionária de fazer cartografia (Cromley, 1992, p.191), sobretudo aquela destinada aos mapeamentos ambientais.

Sobre esse assunto, com simples palavras, Menezes & Ávila (2005, p.9317) descrevem muito bem a problemática, destacando que:

> a partir deste período os computadores começam também a afetar o tratamento cartográfico profissional, para a construção de mapas. Qualquer pessoa que possua um *software* de cartografia, bem como um *hardware* com capacidade de processamento gráfico, é capaz de gerar mapas, com pelo menos uma aparência de qualidade. Desta forma o que se vê, até hoje, e com um crescimento cada vez maior, é uma popularização da ciência cartográfica. Mais e mais pessoas passam a trabalhar com cartografia, apoiadas nos sistemas computacionais, porém sem embasamento confiável de conhecimentos cartográficos.

Cabe salientar que o uso da geoinformação é extremamente importante aos mapeamentos ambientais. Assim como seu desenvolvimento permitiu agilidade, flexibilidade e rapidez no cruzamento das informações espaciais ambientais, também, por meio dessa popularização cartográfica, muito foi desmistificado, permitindo o aparecimento de uma grande quantidade de mapas ambientais e outros documentos cartográficos, disseminando a informação geográfica.

Entretanto, muitas vezes os mapeamentos ambientais de síntese apresentam-se com uma qualidade aquém dos princípios da representação gráfica.

No Brasil, dentre os diversos teóricos que discutem essa preocupação, o professor Marcello Martinelli – um dos principais estudiosos e defensores da cartografia temática – tem se dedicado à divulgação de algumas propostas, bem como de alternativas metodológicas em prol de uma comunicação cartográfica monossêmica que contemple os mapeamentos ambientais. Nos anos 90, Martinelli publicou três trabalhos considerados os precursores dessa reflexão: "Cartografia ambiental: uma cartografia especial, muito especial", divulgado em 1991 durante o Congresso Brasileiro de Cartografia realizado em Salvador; "Cartografia ambiental: que cartografia é essa?", publicado em 1993 no livro *O novo mapa do mundo. Natureza e sociedade de hoje: uma leitura geográfica*; e "Cartografia ambiental: uma cartografia diferente?", publicado em 1994 na *Revista do Departamento de Geografia* da Universidade de São Paulo.

Em todos eles, Martinelli (1994, p.62) propõe uma reflexão teórica e crítica quanto à representação cartográfica ambiental, apontando que deve ser entendida como uma questão social:

> o quadro físico não pode aparecer como determinante. Ele é um resultado, exprime as relações sociais vigentes na época de sua produção. Deve-se lembrar que a natureza possui sua própria dinâmica. Porém o homem não pode ser excluído dela: os ambientes, as paisagens naturais passam a ser recursos, condições de produção, mercadoria, objeto de intervenção do Estado [...].

Contudo, foi com o artigo "A cartografia das unidades de paisagem: questões metodológicas", em coautoria com Franco Pedrotti, publicado em 2001 na *Revista do Departamento de Geografia* da Universidade de São Paulo, que Martinelli converge para um raciocínio de síntese ambiental. Para os autores, somente pela proposta metodológica da cartografia das unidades de paisagem pode-se conceber uma cartografia ambiental de síntese, dada a fusão dos temas ambientais em unidades taxonômicas.

Em 2005, no XII Simpósio Brasileiro de Geografia Física Aplicada, realizado na USP (SP), o professor publica o artigo "A Cartografia de Síntese na Geografia Física". E, em época muito recente (julho de 2009), durante o XIII Simpósio Brasileiro de Geografia Física Aplicada na cidade de Viçosa (MG), participou de uma Comunicação Coordenada, com a proposta de debater sobre "A Cartografia de Síntese na Representação do Ambiente". Em ambos simpósios, por meio de exemplos, fez um pequeno resgate, mostrando claramente a busca da cartografia de síntese por parte de alguns dos consagrados estudiosos da geografia física. Algo que vale ler e ampliar.

* * *

Diante das abordagens apresentadas neste capítulo, evidencia-se a emergência da questão ambiental, no âmbito mundial, propondo novos rumos à geografia. Essa tendência, aliada às necessidades contemporâneas, implica que as preocupações dos geógrafos atuais se vinculem à demanda ambiental. Por conseguinte, um dos caminhos mais trilhados refere-se aos estudos relativos à análise da dinâmica da paisagem, sobretudo aos diagnósticos ambientais, por meio de zoneamentos. A natureza aparece incorporada a essas análises, seja compreendida por suas formas de apropriação, seja em relação aos impactos dessa atividade.

Nesse ínterim, o mapa assume sua conotação relevante, uma vez que, por meio do diagnóstico e/ou inventário, tem-se a capacidade de ordenar, classificar, dividir ou integrar temas num dado espaço.

Em outras palavras, no zoneamento, o mapa temático não é produzido a partir de uma simples representação espacial da informação. Antes, resulta de um processo de construção de conhecimento que define, por meio de uma linguagem gráfica e visual, as zonas ou unidades geoambientais da paisagem.

Considerando-se, porém, como a representação gráfica vem sendo tratada, no contexto ambiental, durante a evolução do estudo da dinâmica da paisagem, deparamos com uma questão que, sem dúvida, merece ser analisada e que será abordada no capítulo subsequente.

2
O ESTUDO E A REPRESENTAÇÃO DA PAISAGEM NO CONTEXTO AMBIENTAL

Há muito tempo, uma das discussões mais fecundas na geografia é o estudo da "paisagem", cuja aplicação se caracteriza de acordo com as naturezas epistemológicas, teóricas e metodológicas das escolas que a propõem.

Em razão disso, o objetivo deste capítulo é apontar como a representação gráfica e a cartografia das paisagens vêm sendo apresentadas no decorrer da evolução pelo estudo da dinâmica da paisagem. Serão apresentados aqui alguns preceitos das principais teorias utilizadas atualmente em trabalhos que visam ao planejamento ambiental, como a teoria geral dos sistemas, o paradigma geossistêmico, a fisiologia da paisagem e a teoria da ecologia da paisagem.

A importância da paisagem no zoneamento ambiental

O termo *paisagem* vem do latim *pagus* (país), com sentido de lugar, unidade territorial. Nas línguas derivadas do latim, surgiram os significados *paisaje* (do espanhol), *paysage* (do francês) e *paesaggio* (do italiano). Nas línguas germânicas, a palavra *land* substanciou a adoção de *Landschaft* (do alemão) e *landscape* (do inglês), ao passo que, na língua indo-europeia, com predomínio do idioma eslavo, *land* adjetivou a palavra *landschaftskund* (do russo).

Contudo, uma das primeiras referências na literatura à palavra "paisagem" aparece no Livro dos Salmos – poemas líricos do Antigo Testamento escritos por diversos autores, em hebraico, por volta de 1000 a. C. Esses poemas eram cantados nos ofícios divinos do Templo de Jerusalém e depois foram aceitos pela Igreja cristã como parte de sua liturgia. No Livro dos Salmos, a paisagem refere-se à bela vista que se tem do conjunto de Jerusalém, com os templos, castelos e palacetes do rei Salomão (Metzger, 2001, p.1).

Essa noção inicial, visual e estética, foi adotada, em seguida, pela literatura e pelas artes em geral, principalmente a partir de pinturas da natureza, de origem italiana *(paesaggio)*, introduzidas durante a época da Renascença, trazendo como significado "o que se vê no espaço", "aquilo que o olhar abrange... em um único golpe de vista", ou seja, "o campo da visão" ou do visível (Christofoletti, 1999, p.38).

Atualmente, na linguagem comum, a paisagem é definida como "espaço de terreno que se abrange num lance de vista" (Ferreira, 1999, p.1474). A palavra "paisagem" possui, assim, conotações diversas em razão do contexto e da pessoa que a usa. Pintores, geógrafos, ecólogos, geólogos, biólogos, arquitetos, todos têm uma interpretação própria do que seja a paisagem.

Embora tenha sofrido modificações importantes mediadas pelas concepções que surgiram ao longo do tempo, uma coisa é certa: o sentido original da palavra é utilizado por muitos ainda hoje.

No âmbito científico, o estudo da paisagem foi introduzido na geografia, sob a perspectiva dos naturalistas, no início do século XIX, a partir das contribuições da consagrada obra do geobotânico Alexandre von Humboldt – *Viagem às regiões equinociais* – como conceito geográfico, naturalista e científico, em que:

> o geógrafo deveria *apenas* observar a paisagem de uma forma quase estética [...] *Onde a partir de então*, a paisagem causaria no observa-

dor uma impressão, a qual, combinada com a observação sistemática dos seus elementos componentes, e filtrada pelo raciocínio lógico, levaria à explicação: à causalidade das conexões contidas na paisagem *apenas* observada. (Moraes, 1986, p.48 – grifos nossos)

Em sua abordagem naturalista, Humboldt destacava que a paisagem deveria ser observada, numa primeira escala, pelos "aspectos da vegetação", denominado por ele *"fisionomia dos pays"*, como o dado mais significativo para caracterizar sua tipologia espacial, a qual era determinada pelo agrupamento fisionômico e natural da vegetação.[1] E, numa segunda escala, deveria se observar até que ponto o clima influenciava as condições naturais do solo e, consequentemente, a cobertura vegetal.

Esse "naturalismo" fez surgir, na geografia, estudos sobre região, sobretudo sob seu aspecto natural, trazendo a concepção de "região natural" para as pesquisas e análises geográficas. O grande problema vinculava-se ao fato de que a geografia, nesse momento, não abordava o caráter dinâmico da paisagem. Pelo contrário, estudava-a de forma analítica e fragmentada, "guardando *por um lado* sua noção de unidade natural *e, por outro, destacando* seu caráter fisionômico, estético e sem história" (Martinelli & Pedrotti, 2001, p.40 – grifos nossos).

Em decorrência das raízes naturalistas, no início do século XX era comum e compreensível encontrar trabalhos que ainda valorizavam e focalizavam as "paisagens" sob seu aspecto natural, considerando-a fisionômica e estática. Embora vários estudos apontem que a geografia somente vai impulsionar o estudo dinâmico da paisagem a partir das abordagens sistêmicas, o trabalho do geógrafo Carl Sauer, *The*

---

1 Rougerie & Beroutchachvili (1991 apud Christofoletti, 1999, p.38) destacam que, ao apontar a vegetação como o dado mais significativo para a caracterização da paisagem *(fisionomia dos pays)*, Humboldt preocupa-se em não efetuá-la apenas por meio de uma descrição documentária, mas, sim, por meio de estudos e aplicação de métodos explicativos e comparativos, os quais se tornariam os sustentáculos para a tentativa de discernir quais as leis que regem a fisionomia do conjunto da natureza e caracterizam as diferentes paisagens da vegetação.

morphology of landscape [*A paisagem morfológica*], publicado em 1925 pela Universidade da Califórnia, registra o contrário.[2]

Ao estudar a paisagem como um organismo complexo que permite associação específica das diferentes formas do relevo (apreendida pela análise morfológica), Sauer (1925) já apontava que o conteúdo da paisagem surgia como o reflexo da combinação dos elementos materiais com os recursos naturais disponíveis em um lugar, mais as obras humanas e os grupos culturais que utilizaram esses recursos e viveram nesse lugar. Em sua visão, o autor deixa claro que a paisagem se mantém não pelo somatório desses fatores, mas, sim, pelas relações de interdependência estabelecidas entre eles. Dessa maneira, Sauer (1925, p.21) destaca que o tempo e os vestígios deixados pelos grupos sociais são os elementos principais para garantir o caráter dinâmico da paisagem, pelo fato de "[...] toda paisagem ter uma forma, uma estrutura, um funcionamento e uma posição no sistema, sujeitando-se aos desenvolvimentos, às mudanças e ao aperfeiçoamento pelas obras humanas e grupos culturais no decorrer do tempo".

Essas diferentes concepções refletiram-se diretamente não apenas na evolução do pensamento científico-geográfico, mas também na apreensão do conceito da paisagem, tendo dois pilares fundamentais: a Escola de Humboldt, que enfatizava a paisagem sob o aspecto natural (paisagem natural), e a Escola de Carl Sauer, que analisava a paisagem sob os aspectos culturais (paisagem cultural) e sociais (paisagem social). "Neste entendimento a paisagem natural é o meio, a cultura é a gente e a paisagem cultural é o resultado" (Mateo Rodriguez, 2003).

Com a evolução do conhecimento geográfico, inúmeras propostas foram apresentadas para definir, delinear, estudar e até mesmo representar graficamente a paisagem.

Todavia, desde os tempos em que os geógrafos conseguiram explicar sua gênese, fizeram dela "seu domínio especializado" (Juillard,

---

2 A grande contribuição da visão sistêmica no estudo da paisagem, em detrimento das propostas anteriores, é reconhecer que toda paisagem tem um caráter dinâmico e, com base nisso, explicar cientificamente como essa dinâmica se processa no funcionamento do componente do ambiente (troca de fluxo de energia e matéria).

1965). Nesse caso, não há como negar a grande contribuição da geografia física, sobretudo da geomorfologia e da biogeografia, no estudo da paisagem. Tal afirmação torna-se nitidamente perceptível nos numerosos trabalhos, de natureza biogeomorfológica, que trouxeram para a geografia diferentes teorias, paradigmas e procedimentos metodológicos com o propósito de promover uma discussão sobre a paisagem, explicá-la e apresentar uma proposição sobre sua dinâmica. Como também não se pode negar que, ao tentar explicar a dinâmica da paisagem, dentro do contexto ambiental, cabe à geografia física o mérito das primeiras representações cartográficas que, ao tentar correlacionar seus elementos, sempre buscou possibilidades de descrevê-las por meio de cenários gráficos.

Nesse ínterim, as diferentes teorias, os diversos paradigmas e procedimentos metodológicos utilizados pela geografia culminam na *teoria geral dos sistemas* (TSG), formalizada por Bertalanffy (1968) e ampliada por Chorley & Kennedy (1971), que trouxe o olhar sobre a paisagem analisando-a pela funcionalidade sistêmica.

O *paradigma geossistêmico* proposto por Sotchava (1968), posteriormente, por iniciativa de Bertrand (1977), ao basear-se nos princípios da TSG, constata a necessidade de analisar a paisagem pelas escalas taxonômicas, chegando-se a sua representação por meio da chamada cartografia das paisagens.

A *fisiologia da paisagem*, também conhecida como *teoria geográfica da paisagem*, difundida no Brasil, em 1968, pelo professor Aziz Ab'Saber com a pretensão de mostrar que, como os estudos da natureza são analisados de forma integrada, à geografia física caberia o esforço para contribuir com trabalhos enquadrados na proposta metodológica conhecida como a fisiologia da paisagem, ou seja, estudar a paisagem em seus diferentes aspectos, considerando os processos recentes de ordem climática, pedológica e morfológica, juntamente com a inclusão das pressões sociais ao ambiente.

A *teoria ecodinâmica na paisagem*, inserida no Brasil em 1977 com a obra *Ecodinâmica* de Tricart, apresenta um novo modo de ver a natureza e sociedade, no contexto da abordagem integrada, sobretudo para as questões da natureza sob os efeitos da sociedade.

A *ecologia da paisagem*, introduzida na geografia por Troll (1938), apenas quatro anos após Tansley (1935) ter divulgado o conceito de "ecossistema", em que considerava uma área de conhecimento emergente, apoia-se na união da geografia (paisagem) com a biologia (ecologia) para a busca de seu conhecimento.

Mesmo apresentando concepções diferentes entre si, principalmente no que concerne ao enfoque da dinâmica da paisagem e a sua representação cartográfica, todas essas teorias convergem para um ponto comum: a busca por explicação e sustentabilidade. Em todos os casos, a noção de espaço – e da inter-relação do homem com seu ambiente – está incutida na maior parte das definições.

Mas, afinal, o que é paisagem? Paisagem é o que vemos diante de nós. É a realidade do visível (Ab'Saber, 1969, p.4). Destaca-se por suas propriedades visuais, por seu caráter dinâmico e por suas peculiaridades às mudanças sociais, abrigando formas (do passado, do presente e as possíveis tendências ao futuro), funções, estruturas e processos distintos (Santos, 1986, p.37). Sua produção e transformação contínuas estão associadas, basicamente, a fatores sociais (interesses humanos), os quais produzem e reproduzem, em diferentes escalas espaciais e temporais, os contextos culturais e históricos da sociedade.

> analisar a paisagem significa ter um domínio da concepção dialética e da essência dos fenômenos ambientais e geográficos, uma vez que, para manter sua inter-relação, seus traços e configurações se revelam através de três níveis dialéticos complexos, totalmente interdependentes entre si: a paisagem natural (natureza), a paisagem social (sociedade) e a paisagem cultural (transformações temporo-espaciais). (Mateo Rodriguez, 2003, p.9-10)

Isso faz do zoneamento ambiental um importante estudo, como etapa intermediária, para o quadro propositivo da paisagem. Por meio dos mapeamentos temáticos, é possível o desenvolvimento de simulações e construções de cenários da paisagem. Esses cenários relevam o passado (o que foi), mostram o presente (o que é) e destacam seu futuro (como deverá ser). As análises espaciais e temporais veiculam, no mínimo, as cinco vantagens descritas a seguir:

- conhecer as potencialidades, fragilidades e vocações atuais e futuras da paisagem;
- propor uma gestão integrada e descentralizada;
- compatibilizar políticas de diferentes esferas;
- proteger e recuperar a paisagem ambiental e os patrimônios culturais, históricos, paisagísticos, artísticos e arqueológicos, assegurando o acesso a eles;
- integrar e compatibilizar atividades urbanas e rurais, com uso racional da infraestrutura.

Como as diferentes propostas metodológicas utilizam a representação cartográfica para espacializar gráfica e visualmente as contradições dessa paisagem é o tema que será analisado nos tópicos subsequentes.

A cartografia da paisagem no contexto ambiental

Dentre as várias propostas metodológicas na sistematização de uma cartografia ambiental, para a efetivação do estudo da paisagem nos trabalhos de zoneamento ambiental, serão aqui destacadas as correntes supracitadas, por terem algo em comum: a abordagem sistêmica (relação homem/natureza).

Influenciou essa escolha o fato de os estudos relacionados às questões ambientais considerarem, já de longa data, direta ou indiretamente suas acepções para a estruturação de metodologias que atendam às perspectivas e necessidades do planejamento ambiental.

Teoria geral dos sistemas (TGS)

A teoria geral dos sistemas (TGS) foi primeiramente desenvolvida por Defay, em 1929, nos Estados Unidos (cf. Argento 2001, p.7). No entanto, como o meio científico não ampliou esses primeiros pressupostos, coube ao biólogo Ludovic von Bertalanffy toda primazia intelectual.[3]

Em suas concepções iniciais, Bertalanffy (1973, p.26) propõe a TGS baseando-se no fato de que:

> todo organismo vivo é um sistema aberto, mantém-se em um contínuo fluxo de entrada e de saída, conserva-se mediante a construção e a decomposição de componentes, nunca estando, enquanto vivo, em estado de equilíbrio químico e termodinâmico, mas mantendo-se nos chamados estados estacionários, que é distinto do último.

Assim, utiliza a ideia excluída pelo mecanicismo referente aos problemas de ordem, organização e totalidade, e adota os modelos matemáticos para explicar fenômenos biológicos, aplicados às ciências sociais e do comportamento (Calderano Filho, 2003, p.22).

As ideias propostas originalmente por Bertalanffy – *sistema aberto, fluxo de entrada e saída, equilíbrio e desequilíbrio nos organismos vivos* – possibilitaram a Chorley & Kennedy (1971) as bases teóricas para ampliá-las à geografia, sobretudo para os estudos que se destinavam à análise ambiental da paisagem.

Sintetizando esse complexo mecanismo, os dois autores difundiram na geografia um olhar sobre a paisagem com base no paradigma sistêmico,[4] o qual define o sistema "como o conjunto estruturado de elementos e/ou atributos da natureza e suas inter-relações".

---

3 Duas publicações marcantes contribuíram para isso. A obra originária da teoria, publicada em 1933, sob o título *Modern theories in development: an introduction to theoretical biology* [*Teorias modernas de desenvolvimento: uma introdução à biologia teorética*], quando foi possível constatar, com base na termodinâmica e na biologia, suas aplicações e possibilidades. E a obra intitulada *General system theory: dundations, development, applications* [*Teoria geral dos sistemas: deduções, desenvolvimento, aplicações*], divulgada em 1968 pela Editora Oxford University Press e impressa em português, em 1973, pela Editora Vozes.

4 Na geografia ou em áreas afins, cientificamente, o paradigma sistêmico compreende a metodologia pela qual se desenvolve um trabalho segundo as concepções da teoria geral de sistemas (TGS) proposto por Chorley & Kennedy (1971).

Levando-se em conta os critérios de uma composição integrativa, Chorley & Kennedy (1971) consideram que a paisagem, em seu todo, deve ser vista como um *supersistema*, composto de vários *subsistemas*, ou *sistemas de ordem inferior*, com diversos níveis de organização, onde se processam o *input* e *output*, ou seja, as trocas de matérias e energias com seu exterior.

Segundo essa abordagem, o sistema (da paisagem) pode se processar de forma isolada, fechada ou aberta.

- Os *sistemas isolados* são aqueles que não admitem trocas de energia e matéria com seu exterior.
- Os *sistemas fechados* são aqueles que admitem apenas trocas de energia com seu exterior. Logo, não trocam matéria com o exterior.
- Os *sistemas abertos* são aqueles que trocam energia e matéria com o exterior.

Considerando que o funcionamento dinâmico da paisagem se processa a partir dos sistemas abertos, Chorley & Kennedy (1971) estabelecem que, para se chegar a uma diagnose ambiental da paisagem, principalmente em trabalhos que requerem o zoneamento ambiental, é preciso entendê-la a partir de quatro níveis espaciais de análise, totalmente dependentes e indissociáveis entre si: morfológico, em sequência, de processo-resposta e controle.

- O *nível morfológico* (fase analítica) preocupa-se em individualizar, hierarquizar e caracterizar os sistemas da paisagem e suas respectivas partes componentes. Assim, devem-se considerar as formas, a natureza e seus componentes.
- O *nível em sequência*, também denominado nível encadeante ou em cascata, destina-se a levantar os fluxos de matéria (massa) e energia que circulam entre as partes componentes do sistema observado na paisagem.
- O *nível de processo-resposta* fornece a compreensão integrada do sistema (a síntese) que é obtida a partir da integração das análises nos níveis morfológicos e encadeantes, resultando em uma primeira imagem-síntese da paisagem.

• O *nível controle* refere-se à fase prognóstica da paisagem. Assim, destina-se a favorecer simulações, previsões e prognósticos analisados dentro de cada subsistema da paisagem ou das respectivas partes componentes.

Sem dúvida, a visão sistêmica trouxe à geografia, e principalmente aos trabalhos voltados ao planejamento ambiental, novas maneiras de observar a paisagem, proporcionando inovadoras formas de entender a complexidade da natureza, abrindo caminho para estudá-la como um todo, a partir da integração de seus elementos, em oposição à visão analítica, que recorta o todo em partes, criando uma visão fragmentada.

Agora, esta concepção metodológica, a TGS, para representar cartograficamente o funcionamento real da modelagem sistêmica na paisagem, numa primeira instância lança mão dos modelos chamados *estrutura canônica*, definidos como diagramas representativos, em forma de fluxogramas, representados por um conjunto de sistema de símbolos (ver Figura 5), que indicam a diversificação dos fluxos (entrada e saída) que circulam entre as partes componentes da paisagem.

Na cartografia temática, contudo, a função do diagrama – que pode ser representado por um gráfico ou perfil topográfico – é facultar a leitura da paisagem em percepções: leitura horizontal (x) e leitura vertical (y). Motivo pelo qual o emprego correto para essa representação cartográfica é "rede canônica" no lugar de "diagrama canônico", uma vez que as redes "[...] são representações gráficas para visualização de correspondências lógicas entre elementos ou fenômenos, como os organogramas, por exemplo [...]" (Girardi, 2000, p.43).

Na teoria geral de sistemas, a grande vantagem da elaboração dos *diagramas canônicos*, durante as três fases analíticas da modelagem ambiental (morfológica, encadeante e processo-resposta), está ligada à possibilidade de se obter uma visualização global (holística) da paisagem, principalmente no tocante à troca dos fluxos de matéria e energia das respectivas partes componentes do sistema. Fato que, aplicado aos estudos de zoneamento ambiental, favorece a geração de hipóteses alternativas às previamente existentes.

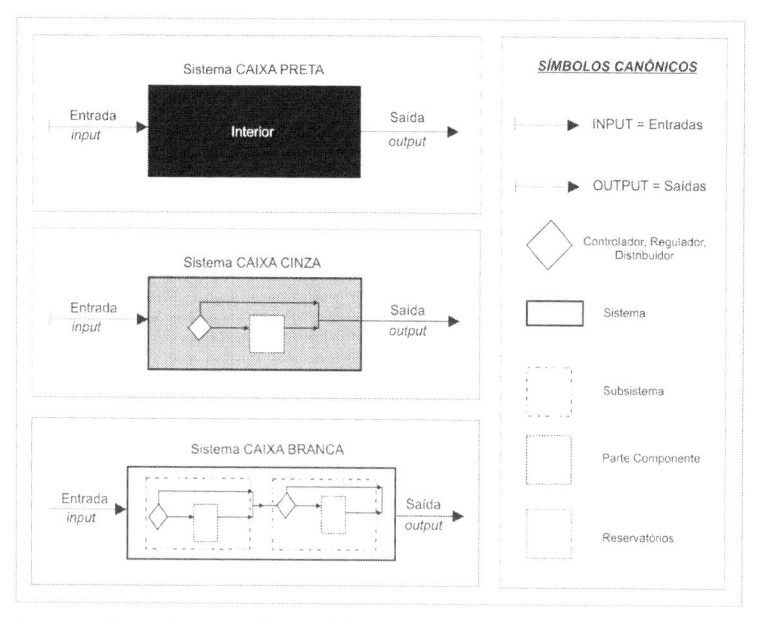

Fonte: Modificada de Argento (2001, p.35).

Figura 5 – Diagramas canônicos com simbologia sistêmica.

Para entender a importância dos diagramas canônicos e, consequentemente, dessa representação gráfica para a comunicação do funcionamento dinâmico da paisagem, será realizada a seguir uma discussão que contempla as etapas de montagem e leitura de um diagrama canônico no sistema ambiental, tendo como base as considerações de Argento (2001, p.35-7).

O diagrama em nível morfológico (ver Figura 6) mostra, de forma simplificada, um sistema de paisagem (a bacia de drenagem), composto para exemplo, apenas prático, de dois subsistemas (serra e baixada) que, por sua vez, apresentam como partes componentes (a superfície do solo e o lençol freático). A representação hierárquica, constante do nível morfológico, fica evidente, tendo em vista a baixada ter sido colocada, no diagrama, em posição abaixo da serra, mostrando uma posição relativa à natureza. Esse fato torna-se importante, porque o fluxo que será analisado no nível encadeante, segundo o objetivo escolhido para esse exemplo, será o fluxo de águas superficiais. Naturalmente, se fosse colocado no diagrama sistêmico, o espaço representativo da baixada, em posição paralela ou acima da serra, seria uma "incoerência ambiental", pois as águas fluem segundo a Lei da Gravidade, e nunca se poderia imaginar que um fluxo de água superficial iria subir a serra ou, até mesmo, que as águas originárias da precipitação (*input*), ao atingirem a baixada, se armazenassem na serra. Esse é o caráter lógico do conceito de hierarquia anteriormente referido, quando se expôs a base conceitual da análise em nível morfológico.

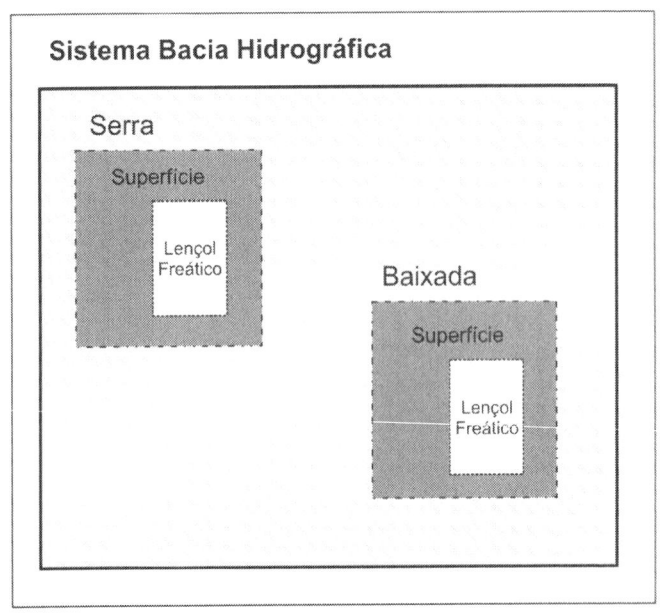

Fonte: Modificada de Argento (2001, p.36).

Figura 6 – Representação cartográfica: diagrama em nível morfológico.

O diagrama em nível encadeante (ver Figura 7) representa os fluxos ou as variáveis responsáveis pela dinâmica ambiental, que, neste exemplo hipotético, utiliza o fluxo de águas superficiais para identificar os processos geradores e modificadores das formas na paisagem.

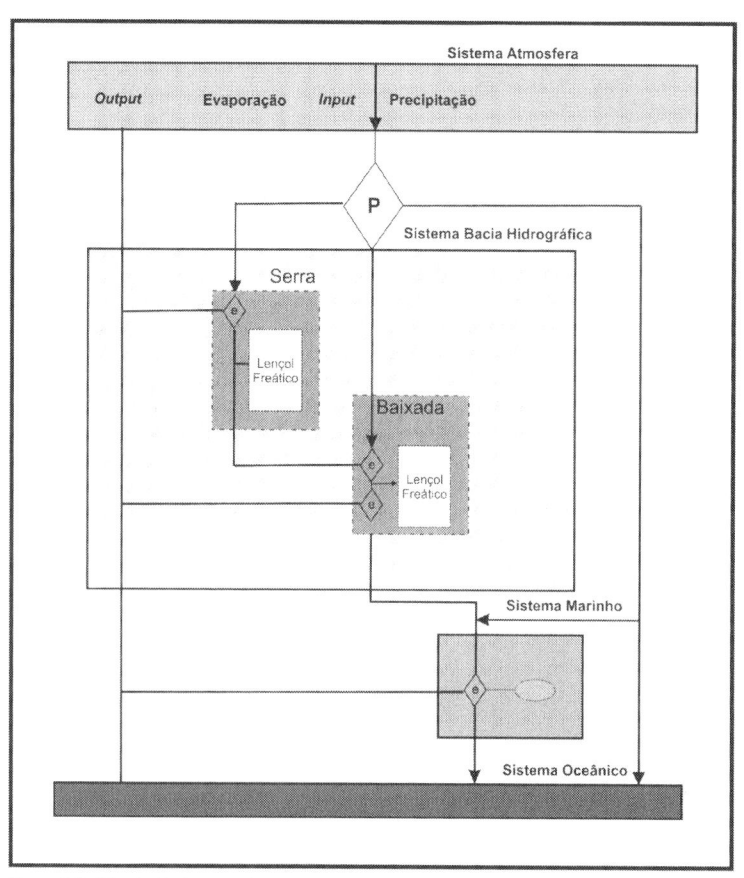

Fonte: Modificada de Argento (2001, p.37).

Figura 7 – Representação cartográfica: diagrama em nível encadeante.

Assim, pelo diagrama verifica-se que o fluxo apresentado está intimamente relacionado com o ciclo hidrológico, pois a principal entrada (*input*) é a precipitação (P), enquanto a principal saída (*output*) se refere à evaporação (E). Na Figura 8, observa-se que a precipitação advinda da atmosfera poderá cair na bacia hidrográfica, no mar ou oceano, tendo nessas opções as alternativas de escoar, armazenar ou mesmo retornar à atmosfera, por meio do processo de evaporação.

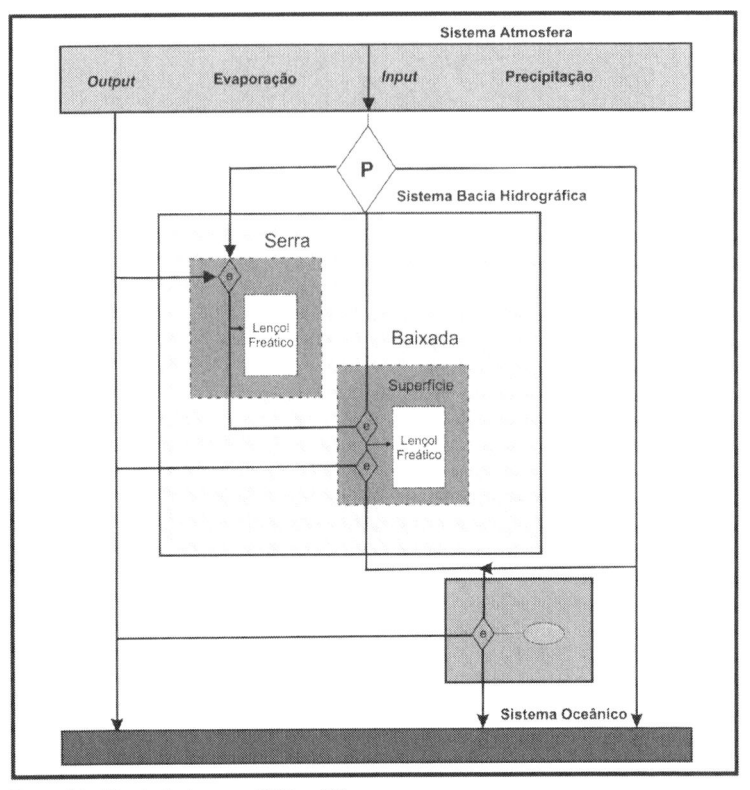

Fonte: Modificada de Argento (2001, p.38).

Figura 8 – Representação cartográfica: diagrama em nível processo-resposta.

Ao seguir o fluxo da precipitação (destacada como precipitação – entrada ou *input*), verifica-se pelo regulador (→ P – precipita ?) que a chuva pode cair em três sistemas: bacia hidrográfica, marinho ou oceânico. Precipitando-se no sistema bacia hidrográfica, a chuva poderá se distribuir nos subsistemas serra ou baixada. Ao cair no subsistema serra, ela seguirá três fluxos básicos, caracterizados pelo regulador (e ◆ escoa ?), informando que, se escoar, poderá ir para a baixada, mas também esse fluxo poderá ter uma parte armazenada no chamado lençol freático e ainda outra na forma de retorno ao sistema atmosfera, pelo fluxo de evaporação. Raciocínio semelhante poderá ser observado para a parte componente da baixada, que terá seu fluxo de água superficial escoando para o mar e este para o oceano, fechando as opções de entrada. Esse ponto torna-se fundamental para o processo diagnóstico, tendo em vista poder caracterizar que a baixada recebe um fluxo de águas superficial, representado não apenas pela chuva que recebe, mas também pelo escoamento decorrente da precipitação oriunda da serra. Nesse caso, o canal fluvial torna-se fundamental para caracterizar o escoamento entre os fluxos de energia e matéria que circulam dentro do sistema.

Por último, é a partir do nível processo-resposta (ver Figura 8) que esse siagrama se completa, uma vez que, ao caracterizar cada uma das sub-bacias da bacia hidrográfica principal, mostra a integração das formas resultantes com os processos geradores e modificadores. Quando isso ocorre, o diagrama passa a ser denominado "diagrama canônico", pois deixa de representar um simples diagrama genérico para assumir um caráter integrador identificado pelos diferentes fluxos dentro da dinâmica de uma paisagem específica.

É importante destacar que, quando se analisa, no conjunto, a representação cartográfica do diagrama canônico, ele parecerá complexo, confuso e bastante denso. No entanto, se o leitor o fizer seguindo um fluxo de cada vez, facilitará a compreensão integrada da paisagem.

Para Argento (1987, 2001), a elaboração dessas representações cartográficas, os diagramas canônicos, durante a análise de um ambiente da paisagem só faz somar uma série de vantagens, tais como:

• Favorece a perspectiva quantitativa na análise da paisagem, o que permite, inclusive, a compreensão do próprio equilíbrio do sistema, considerando que um sistema se caracteriza "como equilibrado" quando os valores de *inputs* se igualam à soma dos valores do *output* e dos armazenadores. Dessa forma, quando se quantifica, em cada subsistema, a estimativa da precipitação e se reduz o quanto evaporou, escoou pelos canais e evaporou, é possível saber se o sistema "está equilibrado" ou "se está havendo diferenças" entre o que entra, o que sai e o que fica armazenado. Esse fato torna-se relevante para o zoneamento ambiental dada a possibilidade de identificar onde (?), e em qual parte do componente da paisagem (?) estão ocorrendo desequilíbrios e desajustes.

- Os *diagramas canônicos* exercem marcante influência na definição dos padrões espaciais, permitindo que a análise ambiental seja examinada holisticamente em sua estrutura sistêmica, em unidades espacialmente delimitadas e, portanto, passíveis de ser mapeadas, garantindo, assim, mais consistência na interpretação e elaboração dos mapeamentos temáticos ambientais, em escalas diversas. Por causa dessa vantagem, seu uso é recomendado em trabalhos que configuram o planejamento ambiental, como no caso específico do zoneamento.

Nesse sentido, Argento (2001, p.39) afirma:

o procedimento cartográfico do Diagrama Canônico já é bastante usual em Engenharia Elétrica e, principalmente na Medicina (para avaliar o sistema circulatório com os sangues venoso e arterial) necessitando, enfim, apenas, de um hábito, na Geografia, para compreender a perspectiva holística da paisagem também através deste diagrama.

No Brasil, o professor Antônio Cristofolletti,[5] pela Universidade Estadual Paulista (Unesp), e os professores José Xavier da Silva e Mauro Argento, pela Universidade Federal do Rio de Janeiro (UFRJ), detêm a primazia, como grandes disseminadores do uso dos diagramas canônicos, para explicar o funcionamento da paisagem em trabalhos de zoneamento ambiental. Na UFRJ, ainda é comum encontrar grande número de dissertações/teses que abordam a estrutura canônica na modelagem ambiental.

O paradigma geossistêmico

Fortemente influenciado pela teoria geral dos sistemas, de Bertalanffy (1933), e pelo conceito de ecossistema, de Tansley (1935), surgiu na geografia, a partir da década de 1960, o paradigma geossistêmico.

---

5 Antônio Christofoletti foi o grande preconizador da divulgação da TGS no Brasil. Foi após a publicação, em 1971, do artigo "A teoria dos sistemas", no *Boletim de Geografia Teorética*, que se observou grande efervescência de trabalhos dentro da perspectiva sistêmica, sobretudo na geomorfologia, para a análise integrada da paisagem.

Nessa linha de abordagem, a análise sistêmica (relação homem e natureza) baseia-se no conceito de paisagem para a classificação e hierarquização de zonas homogêneas, "em que o meio natural, considerado um sistema, deve ser analisado em sua estrutura e, principalmente, em sua dinâmica, tendo o homem como agente ativo nas relações intrínsecas do ambiente" (Oliveira, 2003, p.4).

Considerado o paradigma que mais influenciou e ainda influencia os trabalhos de geografia, sobretudo aqueles vinculados às questões ambientais, os autores que trabalharam com suas fundamentações concentram forças na explicação de dois pontos:

- o caráter dinâmico da paisagem, em que as formas naturais que compõem sua fisionomia se alteram continuamente com uma determinada velocidade (temporoespacial) totalmente influenciada pela intervenção antrópica;
- o método de representação, por entenderem, em linhas gerais, que "estudar a paisagem é antes de tudo apresentar um problema de método que contemple sucessivamente a problemas de: taxonomia, escalas (geográficas e cartográficas), tipologia e de cartografia das paisagens, a qual exige um inventário geográfico completo e relativamente detalhado" (Bertrand, 1968 apud Cruz, 2004, p.141-2).

Historicamente, a evolução, tanto do estudo dinâmico como da representação cartográfica da paisagem, relaciona-se muito à escola geográfica da ex-União Soviética.

Sotchava (1977) foi o pioneiro no uso do termo "geossistema", em seu artigo publicado em 1960, "O estudo dos geossistemas", como o melhor paradigma para entender a dialética da paisagem. Sua grande preocupação foi estabelecer uma tipologia aplicável aos fenômenos geográficos em substituição ao termo ecossistema, bastante adotado pelos biólogos e ecólogos. Portanto, em sua visão, pelo fato de os geossistemas se configurarem como sistemas dinâmicos, flexíveis, abertos e, hierarquicamente, organizados, com diferentes estágios de evolução temporal, todos os fatores devem ser considerados durante sua explicação e representação.

Talvez pelo fato de trazer uma proposta integradora, considerando a representação de todos os fatos e fenômenos geográficos, verifica-se em seu primeiro trabalho um problema ainda hoje perceptível na ciência cartográfica: a representação da paisagem pautada em uma cartografia analítica exaustiva, resultando em mapas difíceis de serem entendidos pelo usuário.

Mesmo aceitando suas contribuições valiosas, não se pode deixar de inferir que, infelizmente, ao criar o termo geossistema para o estudo de paisagem, Sotchava o fez de forma bastante vaga e flexível, despertando a necessidade de melhor sistematização quanto a conteúdo, método, escala e forma de representação quando aplicados aos estudos geográficos, conforme destacam Christofoletti (1999), Monteiro (2000) e Troppmair (2000).

Anos mais tarde, na tentativa de sistematizar o uso do termo geossistema no estudo de paisagem, Bertrand (1968), aplicando a mesma fundamentação de Sotchava, só que para explicar a realidade francesa, o fez levando em consideração as dimensões e as escalas daquele país. Diferentemente da proposta anterior, esta refere-se às áreas relativamente pequenas para definir a paisagem de um geossistema, que para Bertrand (1972 apud Cruz, 2004, p.146) surge como "resultado da combinação dinâmica de elementos físicos, biológicos e antrópicos, que fazem da paisagem um conjunto único e indissociável, em perpétua evolução".

Em suas concepções, *taxonomia* – ordem de grandeza em que se manifesta o fenômeno – e *escala* – espacial e temporal – caminham paralelamente na explicação da paisagem. Segundo Bertrand (idem, p.144):

> o sistema taxonômico permite classificar as paisagens em função da escala, isto é, situá-las na dupla perspectiva do tempo e do espaço [...] Existem, para cada ordem de fenômenos, "inícios de manifestações" e de "extinção" e por eles pode-se legitimar a delimitação sistemática das paisagens em unidades hierarquizadas. Isto nos leva a dizer que a definição de uma paisagem é, antes de tudo, função da escala [...] Isto quer dizer que no seio de um sistema taxonômico [...] existem *unidades superiores* (com ordens de grandezas classificadas em G. I a G. IV) e as *unidades inferiores* (que variam entre as ordens de grandeza G V a G. VII).

Assim, para explicar esse todo complexo Bertrand (1968) adota um sistema taxonômico de classificação e representação da paisagem constando de seis níveis temporoespaciais (Quadro 3). De uma parte, há a zona, o domínio e a região (como unidades superiores), e, de outra, o geossistema, o geofácies e geótopo (como unidades inferiores). Porém, pelos conhecimentos literários, a perspectiva de o geossistema ocupar espaços pequenos não encontra amparo na geografia russa de Sotchava (1977) e pode-se dizer que vai contra a própria definição da geografia se a definirmos como a "ciência que estuda as organizações espaciais", visto que os termos espaços e territórios, na geografia, sempre são aplicados a áreas relativamente grandes.

Sem dúvida, a grande contribuição de Bertrand (1968) foi apresentar à geografia o clássico esboço teórico-metodológico (ver Figura 9) que define o geossistema. Segundo clássico, o clima, a hidrografia e a geomorfologia definirão o potencial ecológico de um geossistema, ao passo que a vegetação, o solo e fauna garantirão a exploração biológica pela ação antrópica.

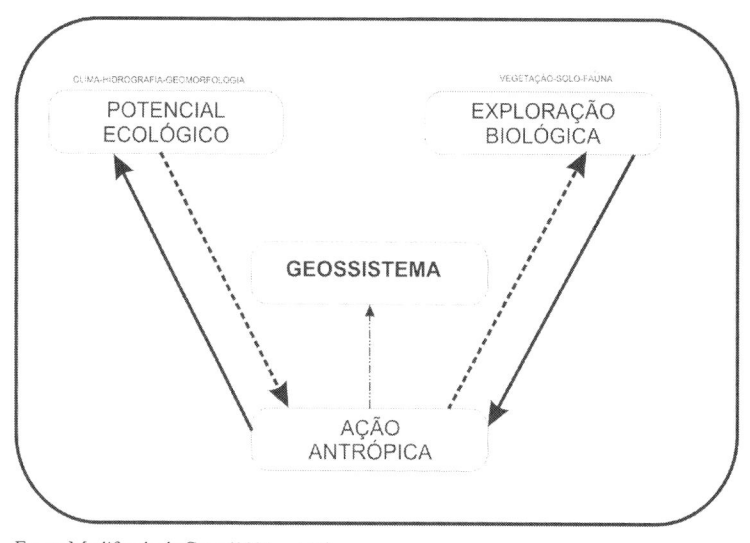

Fonte: Modificada de Cruz (2004, p.146).

Figura 9 – Modelo espacial de análise geossistêmica (Bertrand, 1968).

Quadro 3 – Classificação taxonômica e temporoespacial da paisagem

UNIDADES	CLASSE TAXONÔMICA E TEMPOROESPACIAL DA PAISAGEM (A. Caileux e J. Tricart)	DEFINIÇÕES	EXEMPLOS TOMADOS NUMA MESMA SÉRIE DE PAISAGEM
SUPERIORES	ZONA – (G. I)	Corresponde à unidade de 1ª grandeza, assim deve ser ligada ao conceito de zonalidade planetária.	Tropical
	DOMÍNIO – (G. II)	Corresponde à unidade de 2ª grandeza, assim deve caracterizar um exemplo cujas paisagens podem ser individualizadas a partir do relevo, do clima, da vegetação, entre outros.	Mares de morros florestados (Serra do Mar) – litoral brasileiro
	REGIÃO NATURAL (G. III - G.IV)	Corresponde às unidades de 3ª e 4ª grandezas que individualizam um setor da paisagem da unidade de 2ª grandeza.	Área de Horst
	GEOSSISTEMA1 (G. IV – G. V)	Corresponde às unidades de 4ª e 5ª grandezas, as quais resultam da combinação de fatores geomorfológicos (natureza das rochas e dos mantos superficiais, valor de declive, dinâmica das vertentes), climáticos (precipitações, temperatura etc.) e hidrológicos.	Serra dos Órgãos/RJ
INFERIORES	GEOFÁCIES (G. VI)	Corresponde à unidade de 6ª grandeza, abrangendo uma área de centenas de km² no interior do geossistema, cujo setor é fisionomicamente homogêneo.	Pedra do Sino (cidade de Teresópolis-RJ)
	GEÓTOPO (G. VII)	Corresponde à unidade de 7ª grandeza, tendo como análise o nível das microformas (na escala do metro quadrado ou mesmo do decímetro quadrado).	• Uma cabeceira de drenagem; • um fundo de vale; • ou uma face de uma montanha.

Fonte: Adaptado de Bertrand (1972 apud Cruz, 2004, p.145).

6   Segundo Bertrand (1972, apud Cruz, 2004, p.146), é na escala taxonômica dos geossistemas que se situa a maior parte dos fenômenos de interferência entre os elementos da paisagem e que evoluem as combinações dialéticas mais interessantes para o geógrafo. Nos níveis superiores a ele, só o relevo e clima importam, e, acessoriamente, as grandes massas vegetais. Já nos níveis inferiores, os elementos biogeográficos são capazes de mascarar as combinações de conjunto. Enfim, os geossistemas constituem uma boa base para os estudos de organização do espaço, porque eles são compatíveis com a escala humana.

Apesar dos avanços obtidos por Sotchava (1977) e Bertrand (1968, 1972) na discussão geossistêmica, pode-se dizer que Libault (1971) é o grande precursor na sistematização da representação gráfica da paisagem (cartografia das paisagens). Mesmo propondo a ideia de fragmentação para a análise da paisagem, quando aplicada em estudos de planejamentos e zoneamentos ambientais, o autor destaca que essa análise não deve ser interpretada como algo estático e dissociado do todo.

Para se chegar à cartografia da paisagem, Libault (1971) propõe a elaboração do "mapa das unidades homogêneas", resultado-síntese de seu comportamento dinâmico, em que quatro níveis de estruturação processual são necessários: compilatório, correlativo, semântico e normativo (ver Figura 10).

A metodologia de Libault (1971) assume uma importância singular no desenvolvimento de pesquisas, pois fundamenta as discussões epistemológicas e metodológicas posteriores. Sua proposta apresenta uma cartografia que se vincula a uma lógica de hierarquização e de análise dedutiva para chegar ao diagnóstico e à representação gráfica da paisagem, a partir da qual se obtém o estabelecimento de diretrizes. Embora apresente uma representação cartográfica com abordagem teórica alicerçada na análise qualitativa, que reflete a visão da escola francesa de geografia, não exclui a visão quantitativa e dinâmica da configuração geográfica, uma abordagem metodológica com reconhecida contribuição às pesquisas de cunho geográfico.

A ideia do estudo dinâmico da paisagem, fruto da interação entre os fatores natural e socioeconômico (sociedade), para obter a representação gráfica paisagem, vem, novamente, com Sotchava (1972). Nesse contexto, este autor sistematiza o "mapa geossistêmico da paisagem", resultado da análise e integração de mapas temáticos construídos com o intuito de ordenar e espacializar as informações relativas aos fenômenos naturais e socioeconômicos (ver Figura 11).

Em estudos posteriores, Sotchava (1977) chama atenção para a geografia física como uma disciplina integradora na análise ambiental e representação da paisagem. Porém, para que a representação seja eficiente e completa, alerta o autor, a cartografia ambiental não deve

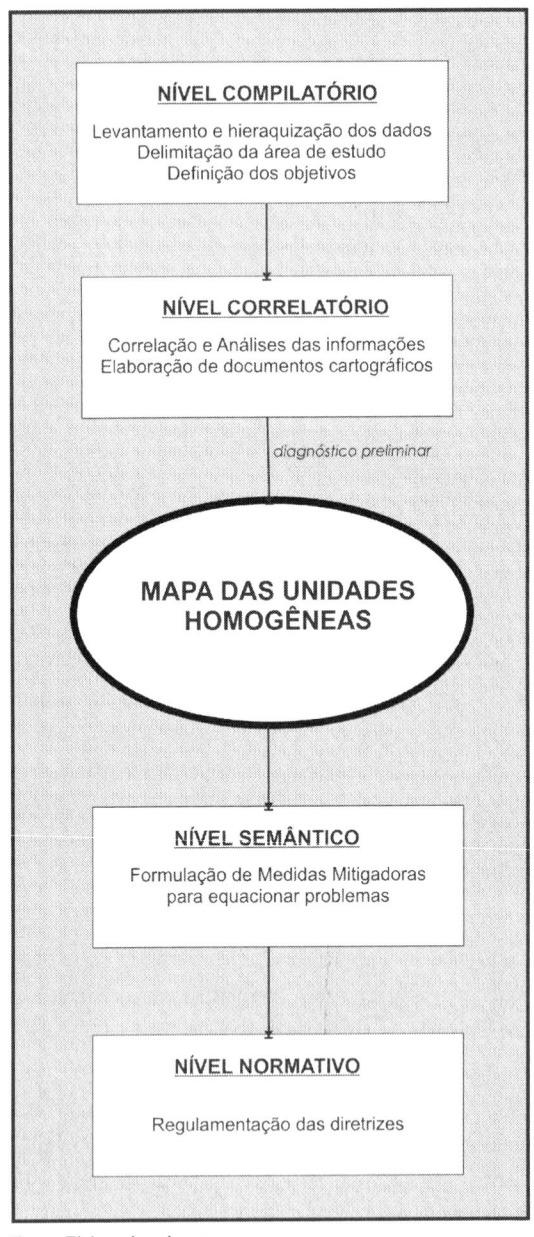

Fonte: Elaborada pela autora.

Figura 10 – Mapa das unidades homogêneas (Libault, 1971).

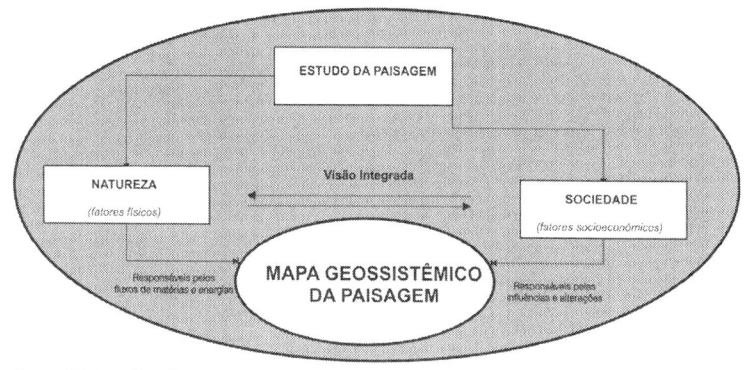

Fonte: Elaborada pela autora.

Figura 11 – Mapa geossistêmico da paisagem (Sotchava, 1972).

se restringir apenas à descrição estática da morfologia da paisagem em suas subdivisões. Ao contrário, também deve revelar, graficamente, a representação de sua dinâmica, estrutura funcional e conexões: "[...] embora os geossistemas sejam fenômenos naturais, todos os fatores econômicos e sociais exercem influência em sua estrutura e peculiaridades espaciais, sendo que as alterações antropogênicas refletem na dinâmica da paisagem" (Sotchava, 1977).

No Brasil, Monteiro (1982, 1987, 2000) foi o primeiro a contribuir com procedimentos metodológicos para a representação da paisagem, tomando como base as ordens de grandeza e dos graus de organização dos fenômenos (taxonomia).

Assim, a representação cartográfica das classes, ou unidades geoambientais identificadas no espaço geográfico, é observada no "mapa de qualidade ambiental" como produto final da análise geográfica integrada, sob a égide do paradigma dos geossistemas.

Influenciaram o encaminhamento de suas discussões metodológicas os seguintes autores:

- Bertrand (1968): pela elaboração de um modelo espacial em que revela a ideia de que a inter-relação entre os potenciais ecológicos, a exploração biológica e a ação antrópica, tendo o homem como agente ativo, passa a ser analisada como relações contidas e/ou integradoras do meio geossistêmico.

- Koestler (1972): pela proposta de uma representação-síntese espacial que integra a arborescência (relação dinâmica entre os níveis) e o reticulado (corte transversal, mostrando como as partes estão contidas no todo).
- Sotchava (1977): por meio das contribuições sobre as subdivisões dos geossistemas na adoção de duas categorias naturais: os "geômeros" (homogeneidades) e os "geócoros" (heterogeneidades).
- Tricart (1977): pelas propostas de análise taxonômica da paisagem, hierarquizadas em três níveis: estável, intergrade e instável.

O mapa de qualidade ambiental (ver Figura 12) sobrepõe, em um único documento, uma gama de informações de caráter natural e antrópico, justificadas pela tentativa constante de interação das relações antropogenéticas e espacialização dessas informações. Sobre essa superposição, Martinelli (1994, p.67) destaca que:

> embora de concepção estática, o mapa diagnostica um espaço extremamente dinâmico e dá sugestões para o planejamento ambiental-territorial [...] O mapa final, por exemplo, resulta de uma modelagem sistêmica feita a partir de etapas analíticas que convergem para três representações gráficas essenciais: o mapa dos geossistemas, o conjunto de transeptos geoecológicos e a tabela de correlações, cruzando unidades espaciais com atributos ambientais.

Para a organização de uma concepção de espaço extremamente dinâmico, o mapa-síntese de Monteiro (1982, 1987, 2001 apud Martinelli, 1994) estabelece os seguintes princípios:

- a ordenação dos graus de derivação, desde ecossistemas primitivos até ecossistemas mais complexos;
- a distinção entre padrões ambientais ligados ao natural e aqueles atrelados à ação antrópica;
- o registro dos tipos de poluição;
- a abordagem dos impactos.

Aplicado à cartografia ambiental, o mapa de qualidade ambiental proposto por Monteiro (1982, 1987, 2001 apud Martinelli, 1994) apresenta a vantagem de efetuar a leitura da paisagem tanto no eixo horizontal (nível de conjunto) como no eixo vertical (nível elementar). No eixo horizontal, a leitura acontece pela análise dos arranjos espaciais que integram as diferentes unidades de paisagem. Já no eixo vertical, a leitura torna-se possível por meio dos cortes e perfis transversais, que destacam a profundidade, mostrando como as partes estão contidas no todo, de acordo com a organização em vários níveis hierárquicos.

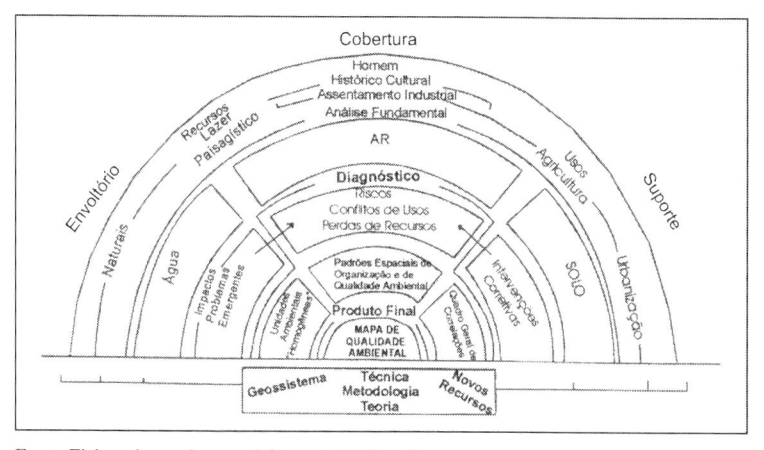

Fonte: Elaborada com base em Monteiro (1982, p.8).

Figura 12 – Concepção metodológica do mapa de qualidade ambiental (Monteiro, 1982).

O professor cubano José Manuel Mateo Rodriguez, durante sua permanência no Brasil, apresenta no IV Congresso Brasileiro de Geografia da Associação de Geógrafos Brasileiros (AGB), realizado na cidade de Curitiba, em 1994, uma metodologia bastante interessante com vistas ao planejamento ambiental. Alicerçada na análise geossistêmica aliada à concepção geoecológica das paisagens, propõe um documento-síntese, a "Carta das unidades geoambientais", resultante de uma análise integrada dos componentes antrópicos e naturais, a partir de suas caracterizações socioeconômicas e geoecológicas (ver Figura 13).

O mapa das unidades geoambientais surge como um dos procedimentos metodológicos mais avançados e valiosos para trabalhos que visam ao zoneamento ambiental, uma vez que, de acordo com seus pressupostos, representa o reflexo gráfico das paisagens, em que a distinção, classificação e cartografia das paisagens constituem a base principal para a análise geoambiental.

Assim, a partir de sua representação sistêmica, é possível obter áreas supostamente homogêneas da paisagem, em que se combinam a natureza, a economia, a sociedade e a cultura, em um amplo contexto de inúmeras variáveis que buscam representar a relação da natureza com um sistema e dela com o homem.

Entretanto, em razão da complexidade dos sistemas formadores da paisagem, o autor os define por meio de três princípios básicos de análise:

- *genético*: que esclarece as causas e condições de formação da paisagem e classifica-as segundo sua origem e gênese;
- *histórico-evolutivo*: que permite a classificação das inter-relações tanto fora como dentro da paisagem, com base em estudos históricos e na influência direta das atividades humanas no processo de transformação da paisagem;
- *estrutural sistêmico*: que permite determinar a inter-relação entre as partes, considerando que as unidades de paisagem constituem um geossistema de muitos componentes, de níveis taxonômicos inferiores.

Nesse contexto, as unidades geoambientais são entendidas como um sistema aberto, que se encontra em constante inter-relação com as paisagens circundantes, por meio da troca de matéria e energia. Portanto, "a classificação das unidades geoambientais deve levar em conta as peculiaridades das correlações espaciais genéticas, a estrutura da paisagem no território em que a paisagem se forma e funciona" (Oliveira, 2003, p.24).

Por meio do inventário dos componentes naturais (caracterização geoecológica) e dos componentes antrópicos (caracterização socio-econômica), os resultados de cada fase constituem o referencial básico para a sistematização dos indicadores ambientais que subsidiarão a fase de diagnóstico e a caracterização de um cenário, entendido como o cenário das unidades geoambientais.

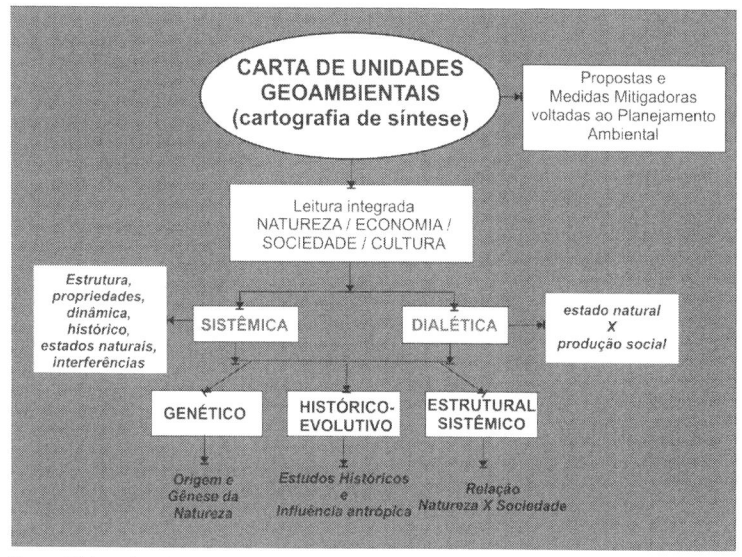

Fonte: Elaborada pela autora.

Figura 13 – Carta das unidades geoambientais (Mateo Rodriguez, 1994).

Em 1997, na Conferência de Abertura do VII Simpósio de Geografia Física Aplicada, realizada na cidade de Curitiba-PR, o professor Bertrand, ao deparar com as realidades das paisagens brasileiras, bem como de alguns países latinos, afirma que, mesmo com progressos essenciais no estudo da paisagem, a concepção geossistêmica, difundida por ele durante a década de 1970, não se aplicava às realidades desses países e não era suficiente para explicá-la. Fato que o levou a reformular suas considerações sobre a teoria geossistêmica propondo um novo modelo – o GTP – que passa a ser baseado em um sistema composto por hierarquias internas, por meio de três "entradas" diferenciadas, fundamentadas sob três conceitos espaço-temporais: a fonte (*source*) ou a "entrada naturalista" – o *Geossitema*; o recurso (*ressource*) ou a "entrada socioeconômica" – o *Território*; e o ressurgimento (*ressourcement*) ou a "entrada sociocultural" – a *Paisagem*.

Desde então, o referido professor tem se dedicado a explicar o estudo geossistêmico da paisagem com base no modelo GTP, em que, segundo Passos (2006, p.63), o:

Geossistema representa o espaço-tempo da natureza antropizada. É a "fonte" (*source*) jamais captada, tal qual ela escorre da vertente, mas que pode ser já poluída. O *Território*, fundado sobre a apropriação e o "limitar/cercar", representa o espaço-tempo das sociedades, aquele da organização política, jurídica, administrativa e aquela da exploração econômica. É o "recurso" (*ressource*) no tempo curto e instável do mercado. A *Paisagem* representa o espaço-tempo da cultura, da arte, da estética, do simbólico e do místico. Ela é o *ressourcement* de tempo longo, patrimonial e identitário.

No Brasil, por tratar-se de uma teoria relativamente nova, poucos são os teóricos que fazem uso desse novo modelo. Cabe a primazia das primeiras discussões acadêmicas aos trabalhos realizados pelo professor Messias Modesto dos Passos que, no primeiro semestre de 2007, organizou a vinda do professor Bertrand ao Brasil, possibilitando as primeiras discussões desse modelo nas universidades do Estado de São Paulo por meio de uma disciplina concentrada na Pós-Graduação da Unesp de Presidente Prudente-SP e duas conferências, uma para o curso de Geografia na Universidade de São Paulo (USP) e outra para os cursos de graduação em Ecologia e Geografia na Unesp de Rio Claro. Ainda nesse mesmo ano, Passos lança, no Brasil, a tradução do livro *Uma geografia transversal – e de travessias – o meio ambiente através dos territórios e das temporalidades* de Georges e Claude Bertrand.

A fisiologia da paisagem

Influenciada pela "visão sistêmica", que combina homem e natureza, a fisiologia da paisagem é difundida no Brasil pelo professor Aziz Ab'Saber, em 1968, não como um novo paradigma, mas, sim, como uma proposta metodológica da geografia física, dotada de alguns procedimentos que direcionem essa ciência, como obter o poder de síntese da paisagem de forma sistêmica e integrada.

A partir de sua inserção como disciplina no currículo de bacharelado do Departamento de Geografia da Faculdade de Filosofia da Universidade de São Paulo, a fisiologia da paisagem propunha três objetivos:

1. Levar à compreensão da organização, do funcionamento e da dinâmica das paisagens; 2. Enfatizar o estudo e a análise integrada dos elementos constituintes das paisagens. 3. Compreender e discutir conceitos, leis e influências das ações antrópicas (cf.ementa da disciplina constante dos arquivos do Departamento de Geografia). (Conti, 2001, p.61)

A lógica dessa "clássica" contextualização visa considerar a paisagem como uma unidade espacial de análise, a qual se integra no tempo e no espaço, sem descuidar dos processos genéticos de sua elaboração, principalmente, da atuação dos fatos climáticos (não habituais), das ações antrópicas predatórias e de suas interferências nas formas de uma determinada paisagem.

Segundo Aziz Ab'Saber (1969, p.4), também citado por Conti (2001, p.63):

> quer nos parecer, entretanto, que o setor mais difícil da pesquisa geográfica diz respeito à compreensão da dinâmica em processo, ou seja, o estudo propriamente dito da paisagem. Muito embora as bases das ciências da Terra tenham sido assentadas na observação dos processos atuais – entendidos como chave para a interpretação dos processos pretéritos – o que se conhece efetivamente sobre a fisiologia global dos diversos tipos de paisagem ainda deixa muito a desejar. É compreensível, até certo ponto, a dificuldade de levar a bom termo esse tipo de pesquisa. Se é que o estudo da estrutura superficial da paisagem pode ser realizado a qualquer momento, através de pesquisas rotineiras de geologia de superfície os estudos de fisiologia da paisagem têm que se pautar por série de informes prolongados, obtidos em todos os tipos de tempo mais representativos e incluindo observações realizadas em momentos críticos para a atividade morfogenética.

Convém destacar que, mesmo aparecendo no Brasil, nos currículos da Universidade de São Paulo, por volta do ano de 1968, segundo exposto, a geografia exibe três clássicos trabalhos que, certamente impulsionaram a geografia física a olhar a dinâmica da paisagem sobre seu aspecto fisiológico e chegar à síntese desta.

O primeiro trabalho é realizado em 1949 por Hilgard O'Reilly Sternberg,[7] professor da antiga Faculdade Nacional de Filosofia do Rio de Janeiro, e traz um estudo sobre um episódio de chuvas torrenciais ocorrido em dezembro do ano anterior (1948), na Zona da Mata de Minas Gerais, o qual desencadeou um processo de desestabilização generalizada em toda área: "[...] inundações, avalanches de lama, assoreamento de vales e formação de voçorocas, além de graves danos à economia e aos estabelecimentos humanos foram as pesadas consequências daquela catástrofe natural [...]" (Sternberg apud Conti, 2001, p.62).

Para Conti (2001), a pesquisa de Sternberg apresenta ineditismos de metodologia, dotada de propostas bastante avançadas para a época. Além do rigor documental, o trabalho destaca, a princípio, as evidências dos traços estruturais e topográficos da região, caracterizados por dobramentos e estrangulamento de vales; posteriormente, a atuação de frentes frias observadas pelas cartas sinóticas; e, por último, os mapeamentos temáticos que indicavam a erosão acelerada que devastara a região em consequência do processo de desmatamento produzido por uma ocupação agrícola orientada pela linha de maior declive em vertentes. Passados mais de cinquenta anos, o trabalho continua sendo importante e merece ser relido, pois constitui uma contribuição para o conhecimento dos processos de atuação no trópico úmido e de toda sua trama de relações climatológicas, geomorfológicas, hidrológicas e biogeográficas, sem descuidar dos aspectos históricos, econômicos e culturais.

Finaliza Conti (2001, p.63), em suas observações, que:

a pesquisa de Sternberg é uma investigação geográfica onde estão presentes as bases teóricas da fisiologia da paisagem, que viria a ser adotada, em 1968, sob forma de disciplina curricular no Departamento de Geografia da USP/SP, já aparece contemplada em sua plenitude nessa pesquisa de 1948 e pode-se afirmar que esta contribuição, pelo seu pioneirismo em termos de método converteu-se num dos trabalhos clássicos da Geografia Física brasileira.

---

7 Com base nas informações relatadas pelo Prof. José Bueno Conti (2001, p.61-3).

O segundo trabalho, "Os aspectos geográficos do Baixo São Francisco" (Monteiro, 1962), foi publicado em 1962, após o resultado das pesquisas de campo efetuadas quando da realização da XVII Assembleia Geral da Associação dos Geógrafos Brasileiros (AGB), em junho de 1962, na cidade alagoana de Penedo.

Orientada pelo professor Carlos Augusto de Figueiredo Monteiro, a equipe contou com os seguintes membros: Caio Prado Júnior, Dora de Amarante Romariz, Maria Conceição Vicente de Carvalho, Orlando Valverde e Teresa Cardoso da Silva, como sócios eftivos; e Antônio Campos, Doralice Costa, Stela Macedo, Stella Mulatinho, Maria do Carmo Barbosa, Maria de Lurdes Barreto, Yara Maria Teixeira, Lilia Leal de Souza, Ignez de Morais Costa, Salomão Turnowsky, Eduardo Ramos, Eli Píccolo, Gil Toledo, Lea Goldenstein, Manoel de Souza, Marina Salgado, Neusa Cunha, Olga Cruz e Pedro Dal Rio, como sócios cooperadores.

Percorrendo durante quatro dias o máximo da área do Baixo São Francisco, desde a cidade de Sergipe até sua foz, mesmo apresentando certas peculiaridades para o domínio físico ou natural, a equipe não deixou de lado, em momento algum, o poder de síntese dos fatos e fenômenos geográficos. Assim, além do quadro natural, também procederam ao levantamento da ocupação humana, das estruturas agrárias, bem como atentaram para a configuração da paisagem urbana, destacando aspectos sociais e culturais. Passados, agora, mais de 44 anos, o relatório apresentado por Monteiro (1962), dotado de croquis paisagísticos e representações singulares da paisagem, também é uma concepção explícita do que será, futuramente, designado "fisiologia da paisagem".

O terceiro trabalho, também clássico na geografia física, foi publicado, anos mais tarde, por Olga Cruz (1974). Apresentada sob o título *A Serra do Mar e o litoral na área de Caraguatatuba*, a pesquisa aborda problemas relativos aos deslizamentos ocorridos na região de Caraguatatuba-SP durante o mês de março de 1997, que, segundo a autora, ocorreram por causa de uma extrema excepcionalidade pluviométrica numa região considerada com equilíbrio precário, dada a acentuada ação antrópica.

Pela amplitude de sua pesquisa, as informações nela contidas transformaram-se num dos referenciais teóricos do conhecimento da geomorfologia tropical litorânea, além de figurarem como o mais expressivo fundamento teórico da geografia física na linha da fisiologia da paisagem.

Evidentemente, esses três trabalhos não são os únicos, mas constituem exemplos consagrados de como os geógrafos e a geografia estudam a dinâmica da natureza de forma integrada e abrangente, reafirmando a singularidade metodológica da geografia no quadro das ciências da Terra.

Seguindo as concepções da fisiologia da paisagem, desde 1992, Adler Viadana, professor da Universidade Estadual Paulista, *campus* de Rio Claro-SP, tem apresentado uma interessante metodologia para a análise integradora da paisagem, com vistas ao planejamento ambiental.[8] Trata-se dos chamados perfis geoambientais que, por fornecerem, sob a forma de diagramas (perfil topográfico), a leitura da paisagem tanto no eixo vertical quanto no horizontal, possibilitam: 1. entender a distribuição dos elementos (naturais e antrópicos) no espaço, discutindo como uns interferem nos outros; e 2. associar alguns componentes necessários para planejar o uso e a ocupação racional do território.

Averiguando-se um pouco da evolução do trabalho de Viadana que utilizou os perfis geoambientais como procedimento técnico-metodológico da ciência cartográfica para a síntese da paisagem, podem-se destacar as seguintes publicações:

• Em 1989, Viadana apresenta em coautoria com Troppmair, no II Encontro de Geógrafos da América Latina (Egal), realizado na cidade de Montevidéu, o artigo "Uma metodologia alternativa na interpretação de hidrobiocenoses".

---

8 Convém destacar que, no Brasil, a primazia dos perfis geoambientais no estudo e na leitura da paisagem cabe ao professor Troppmair (1971, 1990). Porém, no que concerne a sua utilização, Troppmair aplica os perfis de acordo com a concepção do geossistema com tendência à aplicação da ecologia da paisagem; já o professor Adler Viadana os utiliza para explicar a paisagem por meio de sua fisiologia.

- Em 1992, divulga sua tese de doutorado, *Perfis ictiobioge-ográficos da bacia do Rio Corumbataí – SP*, que teve como objetivo maior utilizar os procedimentos metodológicos dos perfis para cartografar alguns elementos da bacia hidrográfica do Corumbataí-SP e a distribuição da ictiofauna local.
- Em 2002-2003, publica, na revista *Sociedade & Natureza*, em coautoria com Levignin o trabalho "Perfis geo-ecológicos como técnica para o estudo das condições ambientais".
- Mais recentemente, em 2003, Levignin & Viadana participam do livro *Ambientes e estudos de geografia*, com o texto "Aplicação dos perfis-geoambientais em setores da cidade de Rio Claro-SP", divulgado pela Pós-Graduação da Unesp de Rio Claro.

Apesar de sua proposta não trazer o mapa da paisagem, como observado no paradigma geossistêmico, não há como negar que sua metodologia também apresenta uma cartografia de paisagens. Esta cartografia é observada no esquema representativo do diagrama composto, denominado pelo autor "perfil geoambiental da paisagem" (ver Figura 14), que possibilita a leitura da paisagem, a identificação de suas áreas-problemas e, a partir dessa identificação, a proposição de planejamentos territoriais e ambientais, uma vez que, conforme as próprias palavras do autor, "essa linguagem gráfica traduz as condições ambientais de um ecossistema".

Nesse contexto, Levignin & Viadana (2002-2003, p.6) traduzem muito bem suas vantagens ao afirmarem que:

os Perfis Geoambientais traduzem as condições ambientais da área investigada, pois é possível representar cartograficamente secções de determinado espaço geográfico e fazer correlações entre os geoelementos de interesse (topografia, vegetação, pedologia, estrutura geológica, etc.) representados por transectos [...] os quais são distribuídos de maneira sequencial, para a leitura horizontal de cada informação cartografada, como também para a leitura vertical, o que permitirá integrá-las para interpretar as condições ambientais atuais de determinado local ao longo do perfil.

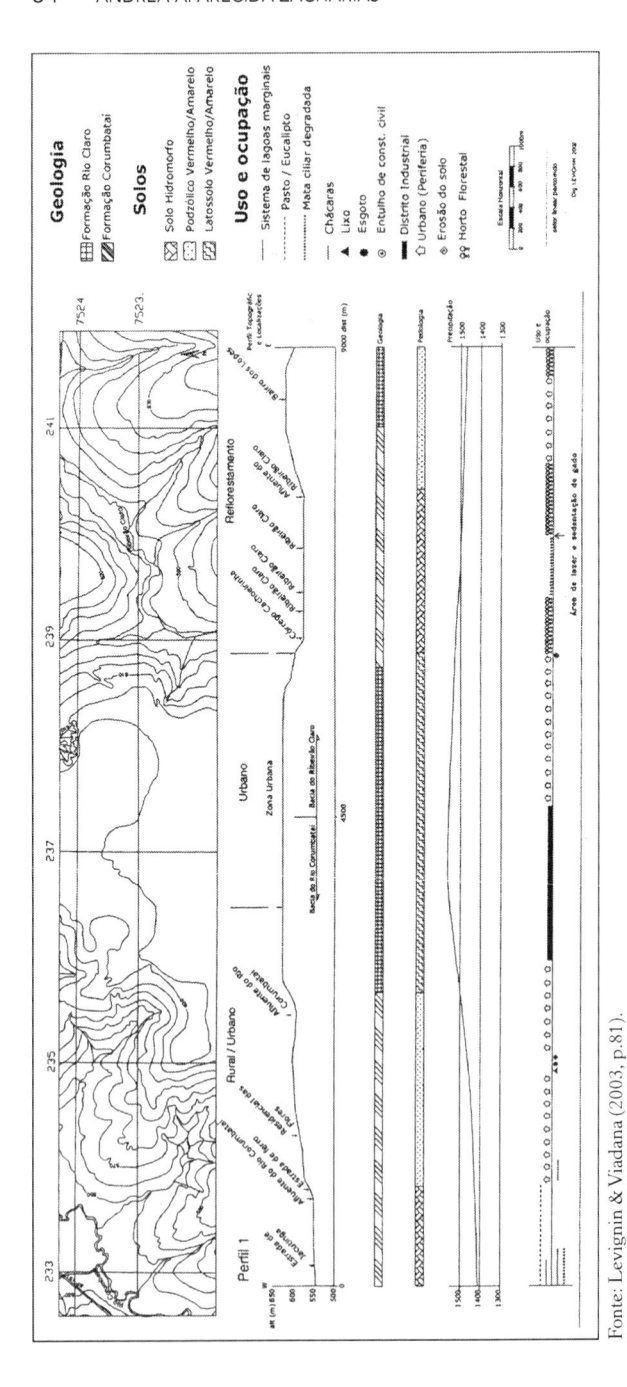

Fonte: Levignin & Viadana (2003, p.81).

Figura 14 – Perfil geoambiental em setor norte da cidade de Rio Claro-SP.

A teoria da ecodinâmica da paisagem

Fundamentado na TGS e em alguns apontamentos geossistêmico de Sotchava, Tricart (1977) apresenta uma cartografia da paisagem baseada em seu comportamento ecodinâmico. Sua elaboração prevê que as unidades da paisagem sejam apresentadas a partir dos diferentes graus de fragilidades dos ambientes naturais, em face das intervenções do homem nos diversos componentes da natureza.

Segundo Abreu (2006, p.7), "[...] esse núcleo conceitual começou a ser construído há mais de um século na Europa Central, particularmente na Alemanha e na Rússia, e chegou até nós de maneira fragmentada e contraditória no decorrer do século XX, por meio da contribuição de autores franceses".

De acordo com essa concepção, designada como uma "visão ecológica", a representação gráfica da paisagem é sintetizada na "carta de unidades ecodinâmicas", que tem por objetivo evidenciar as várias formas de funcionamento do ambiente dos seres vivos (inclusive o homem), definindo o grau de sensibilidade desse meio em face da ocorrência de fenômenos naturais e espontâneos agilizados pela ação antrópica (ver Figura 15).

Para a representação cartográfica das "unidades ecodinâmicas" da paisagem, Tricart (1977) classifica o sistema ambiental em três grandes categorias ecodinâmicas:

- *meios estáveis*: balanço pedogênese/morfogênese em que prevalece a pedogênese;
- *meios intergrades*: o balanço pedogênese/morfogênese pode favorecer a pedogênese ou a morfogênese, segundo o caso, mas sempre de maneira pouco sensível;
- *meios fortemente instáveis*: forte predominância da morfogênese sobre a pedogênese.

Considerando o mapa-síntese (carta das unidades ecodinâmicas), por sua metodologia, seu resultado final permite, por um lado, a vantagem de uma documentação rica em informações que reúne em um único documento desde dados de geomorfologia, geologia, pedologia, drenagem, unidades morfoestruturais, morfometria, uso do solo, indicadores da interferência antrópica, além da cobertura vegetal. Por outro, contempla uma interpretação complexa, descritiva, exaustiva e polissêmica, derivada de uma representação gráfica fruto da superposição ou justaposição de informações.

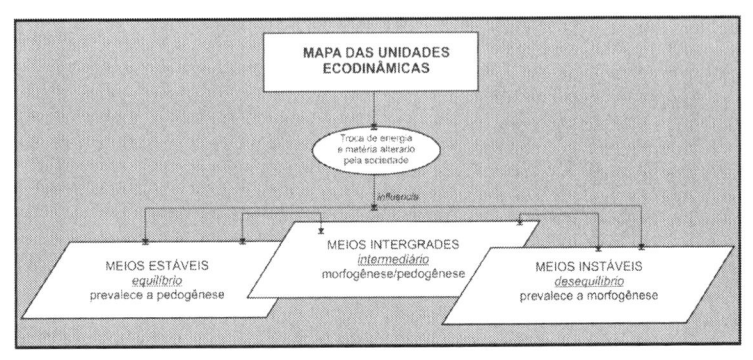

Fonte: Elaborada pela autora.

Figura 15– Concepção metodológica da carta ecodinâmica da paisagem (Tricart, 1977).

Atrelado aos princípios metodológicos de Tricart (1977), porém com novos critérios para definir as unidades ecodinâmicas (instáveis ou estáveis), Ross (1990) apresenta a "carta de fragilidade do relevo" para o estudo e a representação dinâmica da paisagem.[9]

Para que esses conceitos pudessem ser utilizados como subsídios ao planejamento e zoneamento ambientais, Ross (idem) propõe uma representação cartográfica que considere, de um lado, os vários graus das unidades ecodinâmicas (instáveis ou de instabilidade emergente) e, de outro, os diferentes táxons (taxonomias) que representam a dinâmica do relevo (ver Figura 16).

---

9 Convém destacar que, em 2006, o prof. Ross lança o livro *Ecogeografia do Brasil: subsídios para o planejamento ambiental* que, dentre outras propostas, apresenta as bases teóricas e conceituais da ecodinâmica e ecogeografia, com revisão de temas, termos e fontes, destacando os conceitos de geossistema, ecogeografia, espaço total e espaço geográfico da paisagem sob a ótica das respectivas potencialidades e fragilidades da paisagem.

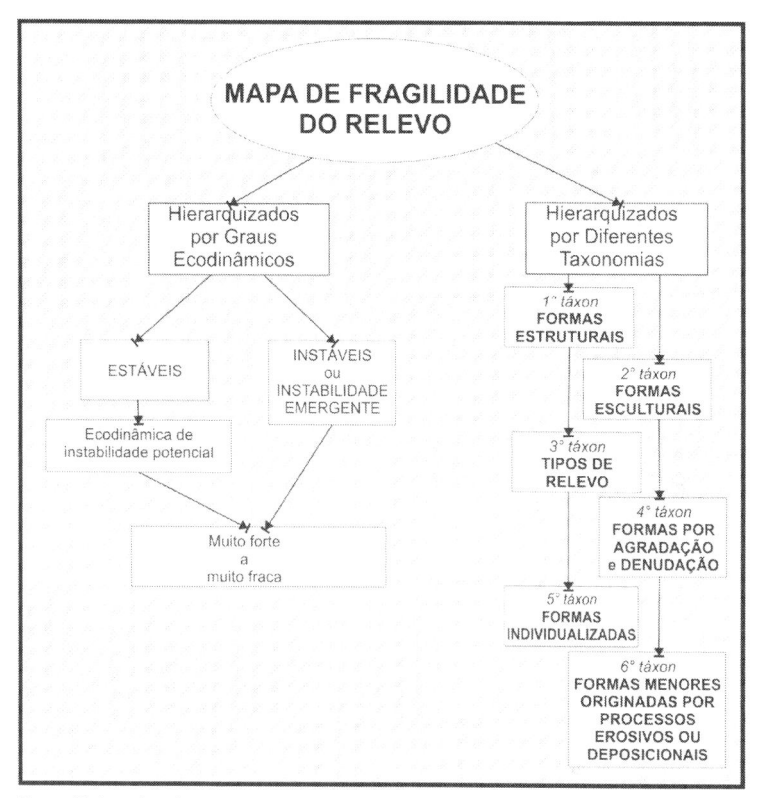

Fonte: Elaborada pela autora.

Figura 16 – Carta de fragilidade do relevo (Ross, 1990).

Para hierarquizar os vários graus das unidades ecodinâmicas (instáveis ou de instabilidade emergente), Ross (1990, p.8) classifica-as desde instabilidade muito fraca até muito forte e adota o mesmo critério para mensurar as unidades ecodinâmicas estáveis, com base no seguinte argumento: "apesar do equilíbrio dinâmico, apresentam uma Instabilidade Potencial, qualitativamente previsível face às suas características naturais e a sempre possível inserção antrópica".

Desse modo, as unidades ecodinâmicas estáveis apresentam-se como unidades ecodinâmicas de instabilidade potencial, em diferentes graus, tais como as de instabilidade emergente, ou seja, desde muito fraca até muito forte (Oliveira, 2003, p.15).

Quanto aos *diferentes táxons*, Ross (1990) destaca que a dinamicidade das formas de relevo apresenta velocidades diferenciadas, mostrando-se ora mais instável, ora mais estável, pelas ações, muitas vezes, de fatores naturais ou antrópicos. Motivo pelo qual se torna necessário representar cartograficamente as diferentes taxonomias da paisagem para delineamento de diretrizes adequadas quando aplicadas ao planejamento e/ou zoneamento ambientais.

Para representar essa dinâmica do relevo, Ross (1990, p.16-7) procede a uma classificação contida em seis táxons, apontados a seguir:

- *primeiro táxon*: ao qual correspondem as características morfoestruturais das formas de relevo, que definem um determinado padrão de formas, tamanho e idade;
- *segundo táxon*: em menor proporção, referente às unidades morfoesculturais geradas pela ação climática ao longo do tempo geológico. Exemplos das quais são as depressões, planaltos residuais, chapadas, entre outras;
- *terceiro táxon*: define unidades dos padrões de formas semelhantes do relevo ou os padrões de tipos do relevo;
- *quarto táxon*: decorrente dos relevos originados pela agradação (sedimentação), tais como: planícies fluviais, terraços fluviais ou marinhos, planícies marinhas e planícies lacustres. Também fazem parte desse táxon os relevos resultantes de denudação (desgaste erosivo), tais como: colinas, morros, costas etc.;
- *quinto táxon*: corresponde às vertentes ou aos setores das vertentes pertinentes a cada uma das formas individualizadas;
- *sexto táxon*: engloba as formas menores, produzidas por processos erosivos ou deposicionais atuais, como voçorocas, ravinas, bancos de sedimentação, assoreamento e, ainda, as formas antrópicas, como corte de taludes, aterros, entre outras.

A carta de fragilidade do relevo é obtida a partir da mensuração e ponderação de uma gama de documentação cartográfica capaz de promover uma leitura da paisagem, exigindo, para tanto, a organização temática de dados quanto a pedologia, geologia, índices de dissecação do relevo, declividade, dados pluviométricos e uso da terra. Todavia, é a abordagem taxonômica dada à análise geomorfológica que define essa carta como critério fundamental para o direcionamento das ações de diagnóstico e prognóstico.

Após a etapa de elaboração das cartas temáticas, inicia-se a interação das informações conforme as sequências descritas a seguir:

- hierarquização das classes dos índices de dissecação do relevo, de erodibilidade dos solos e proteção dos solos pela cobertura vegetal, consideradas as práticas conservacionistas no uso agrícola;
- sobreposição das informações de dissecação do relevo e da erodibilidade do solo, resultando em um documento cartográfico intermediário;
- sobreposição das informações do documento cartográfico intermediário (dissecação do relevo *versus* erodibilidade) com o uso da terra, resultando em uma carta-síntese que classifica e quantifica a área estudada em unidades ecodinâmicas estáveis e instáveis, considerando os diferentes graus de instabilidade potencial emergente.

Mesmo apresentando superposições analíticas das informações temáticas, a carta de fragilidade do relevo apoia-se na cartografia de síntese para destacar a representação gráfica das unidades de paisagem das áreas homogêneas, as quais acontecem em nível de conjunto ou global. Assim, ao contrário, essa carta não traz elementos em superposição ou em justaposição, antes promove a fusão deles em "tipos" (unidades taxonômicas). Isso significa que sua cartografia ambiental dá suporte ao prognóstico socioeconômico e ambiental a partir de agrupamentos de atributos ou variáveis mensuráveis, definidos pelos diferentes graus das unidades taxonômicas.

Mantendo a concepção sistêmica, Becker & Egler (1997), com apoio do governo federal,[10] apresentam o zoneamento ecológico-

---

10 Trabalho elaborado pelo governo federal em parceria com secretarias estaduais, municipais, órgãos colegiados, sociedade civil e instituições privadas.

econômico (ZEE), um novo modelo de zoneamento ambiental desenvolvido e aplicado à Amazônia Legal com a finalidade de propor uma política de desenvolvimento sustentável para conciliar os conflitos decorrentes da forma de apropriação do espaço, por meio de regulamentação do uso do território. Segundo Becker & Egler (idem, p.27):

> O ZEE, não é um fim em si, nem mera divisão física, e tampouco visa criar zonas homogêneas e estáticas cristalizadas em mapas. Trata-se sim, de um instrumento técnico e político do planejamento das diferenças, segundo critérios de sustentabilidade, de absorção de conflitos, e de temporalidade, que lhe atribuem o caráter de processo dinâmico, que deve ser periodicamente revisto e atualizado, capaz de agilizar a passagem para o novo padrão de desenvolvimento.

Para garantir a proposta ecológico-econômica a esse novo modelo, alguns critérios devem considerados no decorrer do ZEE:

- O zoneamento é um instrumento que leva à racionalização da ocupação dos espaços e, por meio deste, a um redirecionamento das atividades.
- Por representar um instrumento técnico de informação do território, deve, de um lado, prover uma informação integrada em uma base cartográfica e, de outro, classificar o território segundo suas potencialidades e vulnerabilidades.
- Por subsidiar um instrumento político de regulação do uso do território, deve, de um lado, integrar as políticas públicas em uma única base cartográfica e, de outro, acelerar o tempo de execução, aumentando a eficácia da intervenção pública na gestão do território.

A base metodológica de Becker & Egler (idem) apresenta como princípios a teoria da ecodinâmica, proposta por Tricart (1977), para o estabelecimento dos processos de identificação das unidades de paisagem. Também utilizam os processos sociais, a dinâmica econômica e os objetivos políticos na integração das informações para alcançar um zoneamento.

Diferentemente das demais propostas ambientais, a efetivação do ZEE ocorre pela avaliação da vulnerabilidade da paisagem natural, considerando-se a potencialidade social como complemento indispensável para obtenção da integração ecológico-econômica, necessária a esse modelo de zoneamento.

Como produto final para a representação da paisagem, Becker & Egler (1997) sugerem a elaboração de dois documentos cartográficos – a *carta de vulnerabilidade natural* e a *carta de potencialidade social* – como pré-requisito para obter a carta-síntese da paisagem ao planejamento físico-ambiental, denominada pelos autores "carta de subsídios à gestão territorial" (ver Figura 17).

Fonte: Elaborada pela autora.

Figura 17 – Concepção metodológica do zoneamento ecológico-econômico (ZEE).

Seguindo essa metodologia, a "carta de vulnerabilidade natural" considera, para cada área homogênea, a relação entre os processos de morfogênese e pedogênese, a partir de sua análise integrada (solo, rocha, vegetação, feições geomorfológicas e uso da terra), conforme o conceito de ecodinâmica de Tricart (1977):

- *unidade estável*: prevalece a pedogênese;
- *unidade intermediária*: equilíbrio entre a pedogênese e morfogênese;
- *unidade instável*: prevalece a morfogênese.

A segunda carta, "carta de potencialidade social", considera a relação entre os fatores dinâmicos e os fatores restritos em termos econômicos, sociais e políticos, relacionando os quatro componentes, descritos a seguir, de sustentabilidade:

- *potencial natural*: aproveitamento mineral, aptidão agrícola, cobertura vegetal e utilização de recursos naturais;
- *potencial humano*: nível de urbanização, escolaridade, renda e acesso a serviços;
- *potencial produtivo*: dinâmica da produção rural, industrial, urbana e acesso a redes de circulação;
- *potencial institucional* (autonomia político-administrativa): incidência de conflitos sociais e ambientais, e participação político-eleitoral.

Finalmente, a "carta de subsídio à gestão do território", uma carta-síntese elaborada a partir dos níveis de sustentabilidade e da legislação em vigor, avalia o potencial ambiental da paisagem sob três classificações:

- *áreas produtivas*: destinadas à expansão ou ao fortalecimento do potencial produtivo;
- *áreas críticas*: considera-se o elevado grau de vulnerabilidade natural, com propostas de medidas de conservação e/ou recuperação;
- *áreas institucionais*: de preservação permanente, uso restrito ou controlado e de interesse estratégico.

Apesar de o zoneamento ecológico-econômico (ZEE), na última década, ter sido adotado pelo governo brasileiro como o principal instrumento de planejamento ambiental nacional, a visão sistêmica do ZEE propicia a formulação de uma cartografia ambiental baseada em uma carta-síntese, em que as causas e os efeitos das informações (físicas, sociais e legais) são sintetizados em um único documento cartográfico, constando de múltiplas informações – resultado da ideia de integração – como meio de subsidiar as diretrizes para o zoneamento ambiental.

Teoria da ecologia de paisagem

Também, com base nas concepções da teoria geral dos sistemas de Bertalanffy (1973), a geografia adotou, nas últimas décadas, a teoria que fundamenta a ecologia da paisagem, com o propósito de estudar e representar o caráter dinâmico da paisagem.

Considerada uma área de conhecimento emergente, em busca de arcabouços teóricos e conceituais sólidos, a ecologia da paisagem caracteriza-se no meio científico por um duplo nascimento e, consequentemente, por duas visões distintas acerca do entendimento da paisagem: uma com base na "abordagem geográfica" e a outra baseada nos aspectos da "abordagem ecológica".[11]

Tradicionalmente, a expressão "ecologia da paisagem" (*Landscharftsökologie*) tem raízes nas *abordagens geográficas* e foi difundida nos meios científicos, inicialmente, em 1939, pelo biogeógrafo alemão Carl Troll e alguns pesquisadores, essencialmente geógrafos,

---

11 Segundo Metzger (2001), o surgimento da ecologia de paisagens é marcado pela existência de duas principais abordagens: uma geográfica, que privilegia o estudo da influência do homem sobre a paisagem e a gestão do território; e outra ecológica, que enfatiza a importância do contexto espacial sobre os processos ecológicos e a importância dessas relações em termos de conservação biológica. Essas abordagens apresentam conceitos e definições distintos e, às vezes, conflitantes, o que dificulta a concepção de um arcabouço teórico comum.

da Europa ocidental e da Alemanha. Mais tarde, a terminologia foi substituída pela denominação "geoecologia".

Desde então, sem dúvida alguma, há um consenso na comunidade acadêmica de que uma das análises mais profundas sobre a noção de paisagem foi a do alemão Troll, que

[ao] conclamar geógrafos e ecólogos a trabalharem em estreita colaboração propõe a fundação de uma nova ecociência (a Geoecologia ou a Ecologia das Paisagens), que teria o objetivo de unificar os princípios da Vida e da Terra, na busca do conhecimento de como se processa a dinâmica da paisagem. (Morelli, 2002, p.25)

Em sua perspectiva, Troll (1950, p.167) define paisagem como:

uma entidade visual e espacial do espaço vivido pelo homem. A paisagem é o reflexo visual obtido pela combinação dinâmica dos elementos físicos e humanos, conferindo ao território uma fisionomia própria que, por sua vez, só é caracterizada pela habitual repetição de determinados traços.

Substanciada, de um lado, pela biogeografia e, de outro, pela forte influência das disciplinas relacionadas com a geografia humana, sobretudo aquelas que discutem a questão do planejamento regional, três pontos passam a caracterizar sua análise:

- a preocupação com o planejamento da ocupação territorial, por meio de estudos que viabilizem o conhecimento das potencialidades e fragilidades do uso econômico de cada "unidade da paisagem", definida, nessa abordagem, como um espaço de terreno com características comuns;
- o estudo das paisagens fundamentalmente modificadas pelo homem, as chamadas paisagens culturais;
- a análise de amplas áreas espaciais, sendo a ecologia das paisagens diferenciada, nessa abordagem, por enfocar questões em macroescalas tanto espaciais quanto temporais.

Fica clara, nessa perspectiva, a preocupação com o estudo das inter-relações do homem com seu espaço de vida e com as aplicações práticas na solução de problemas ambientais. A ecologia das paisagens pela "abordagem geográfica" é menos centrada nos estudos bioecológicos (relações entre animais, plantas e ambiente abiótico) e pode ser definida como uma análise holística, integradora de ciências sociais (sociologia e geografia humana), geofísicas (geografia física, geologia e geomorfologia) e biológicas (ecologia, fitossociologia e biogeografia), visando, em particular, à compreensão global da paisagem (natural, social e cultural) para o ordenamento físico-ambiental-territorial.

Na realidade, esse conceito foi desenvolvido quando a paisagem começou a ser analisada não apenas descritiva e quantitativamente, mas também qualitativamente. Para isso, a paisagem, foco central da análise, começa a ser observada como um conjunto de unidades naturais, alteradas ou substituídas por ação humana, que compõe áreas heterogêneas.

Anos mais tarde, Zonneveld (1979) apresenta a expressão "unidade de paisagem" (*land unit*) como um conceito fundamental para a "abordagem geográfica". Em sua linha de raciocínio, a unidade de paisagem seria:

> um conjunto tangível de relacionamentos internos e externos que não podem ser distinguidos ou que são expressivamente menores, ou mesmo que possuem um padrão distinto em relação às unidades vizinhas [...] A lógica é que a paisagem é um conjunto de *ecótopos* (*land unit*), definidos por clima, tipos de terreno, cobertura vegetal e usos da terra. O homem influencia ou modifica o conjunto em curto espaço de tempo, mudando a estrutura e função pela geração de novos conjuntos ou novos arranjos de ecótopos. (Zonneveld, 1979, p.25-6)

Desse modo, a definição de unidade de paisagem teria como base as características mais óbvias ou mapeáveis dos atributos da Terra, como o relevo, o solo, a vegetação, incluindo a alteração antrópica desses três atributos. Para Zonneveld (1979), responder qual desses atributos determina em primeiro lugar a caracterização da unidade é irrelevante, uma vez que todos são importantes.

Para fundamentar sua lógica, Zonneveld (1979) desenvolve, como proposta para obter a cartografia de paisagem, níveis diferenciados e hierárquicos entre si:

- *Ecótopo*: também denominado sítio, consiste na menor unidade holística da paisagem (*land unit*), caracterizada pela homogeneidade de pelos menos um atributo da terra ou geoesfera, como atmosfera, vegetação, solo, rocha, água, entre outros.
- *Fácies terrestre* (*land facet* ou *microcore*): corresponde a uma combinação de ecótopos, formando um padrão de relacionamentos espaciais fortemente vinculados às propriedades de pelo menos um atributo da terra, sobretudo o relevo. Poderia se igualar às geofácies, de acordo com o paradigma geossistêmico.
- *Sistema terrestre* (*land system* ou *mesocore*): com as mesmas características de um geossistema, equivale a uma combinação de fácies terrestres que formam uma unidade mapeável em uma escala de reconhecimento.
- *Paisagem principal* (*main landscape* ou *macrocore*): consiste em uma combinação de sistemas terrestres em uma região geográfica.

Na "abordagem geográfica", a leitura cartográfica sobre a paisagem deve ser feita em dois eixos: horizontal e vertical. Enquanto o primeiro define os padrões mutuamente relacionados entre unidades, o segundo define os atributos de cada estrato. Em outras palavras, a observação do espaço, de acordo com o estudo da paisagem, no *eixo vertical* permite identificar os diferentes estratos cujas quantidades e composições dependem da unidade, como florestas ou campos. O *eixo horizontal* permite identificar as diferentes unidades de paisagem.

De acordo com Metzger (2001, p.8), existe uma diferença conflituosa entre a geografia e a ecologia na definição do que vem a ser uma unidade de paisagem:

na abordagem ecológica cada tipo de componente da paisagem, unidades de recobrimento e uso do território, ecossistemas, tipos de vegetação, por exemplo, são unidades de paisagem. Já na abordagem geográfica, a unidade da paisagem é em geral definida como um espaço de terreno com características hidro-geomorfológicas e história de modificação humana. De certa forma, "a unidade de paisagem" da abordagem geográfica pode ser considerada como uma "paisagem" dentro da abordagem ecológica, pois ela é composta por um mosaico com diferentes usos e coberturas.

Já Santos (2004, p.145), com o mesmo objetivo, esclarece que:

para aqueles que trabalham com a *abordagem ecológica*, as unidades da paisagem são entendidas como cada unidade componente da paisagem no eixo horizontal. Um remanescente florestal, por exemplo, é considerado uma unidade de paisagem. Para a *abordagem geográfica*, a unidade de paisagem é um espaço onde predominam atributos dos eixos horizontal e vertical de mesma qualidade ou características comuns. Assim, um remanescente florestal pode ser desdobrado em diferentes unidades se o solo e o relevo se diferenciam.

Com base na abordagem geográfica, pode-se dizer que a delimitação de áreas homogêneas a partir do paradigma geossistêmico (relação homem natureza) com aplicação da teoria da ecologia da paisagem (evolução da paisagem – eixos horizontal e vertical) apresentou um grande avanço para a cartografia, uma vez que inicia uma nova proposta de leitura do espaço com base nas unidades de paisagem.

Da abordagem integrada dessas duas concepções de paisagem (geossistêmica e ecologia da paisagem), apresentam-se, em diversas pesquisas, as bases teórico-metodológicas para as fases de inventário e diagnóstico do zoneamento ambiental.

No entanto, o estudo da paisagem, segundo a *abordagem ecológica*, ocorreu mais recentemente, a partir da década de 1980:

influenciado particularmente por biogeógrafos e ecólogos americanos que procuravam adaptar a teoria da biogeografia de ilhas para o planejamento de reservas naturais em ambientes continentais.

Essa "nova" ecologia da paisagem foi inicialmente influenciada pela ecologia de ecossistemas, pela modelagem e análise espacial. Seu desenvolvimento beneficiou-se, muito, do advento das imagens de satélite (nos anos de 1970-1980) e das facilidades relativas ao tratamento de imagens e de análises geoestatísticas, propiciadas pela popularização dos computadores pessoais, tendo como resultado uma vasta literatura sobre procedimentos métricos de quantificação da estrutura da paisagem. (Metzger, 2001, p.3)

A "abordagem ecológica", contrariamente à "abordagem geográfica", dá maior ênfase às paisagens naturais ou às unidades naturais da paisagem, à aplicação de conceitos da ecologia de paisagens para a conservação da diversidade biológica e ao manejo de recursos naturais, e não enfatiza obrigatoriamente a macroescala. A escala temporoespacial de análise dependerá da espécie em estudo. A principal preocupação nessa abordagem é o estudo dos padrões e das estruturas espaciais da paisagem sobre os processos ecológicos.

Tomando como base a "abordagem ecológica" na busca da compreensão e espacialidade das paisagens, Forman & Godron (1986, p.4) trazem para a ecologia a expressão "elemento da paisagem", para designar qualquer porção do espaço que apresenta unidades ecológicas com relativa homogeneidade, não importando se elas são de origem natural ou humana.

Com base nessa abordagem, Forman & Godron (1986, p.4) definem "elementos da paisagem":

chamam-se elementos da paisagem cada mancha, corredor ou área de matriz. Uma unidade da paisagem pode apresentar vários elementos numa paisagem. Por exemplo, uma unidade "mata" pode ter vários fragmentos e alguns corredores.

Assim, contrapondo-se à abordagem geográfica que apresenta o mapa das unidades de paisagem, os autores definem a cartografia das paisagens pela *abordagem ecológica,* por meio do "mapa dos elementos de paisagem", sendo esses elementos qualificados espacialmente por três categorias:

- *Manchas*: são áreas homogêneas (numa determinada escala) de unidade da paisagem que se distinguem das unidades vizinhas e que têm extensões espaciais reduzidas e não lineares.
- *Corredores*: são áreas homogêneas (numa determinada escala) de uma unidade da paisagem que se distinguem das unidades vizinhas e que apresentam disposição espacial linear.
- *Matriz*: é a unidade da paisagem que controla a dinâmica da paisagem. Em geral, essa unidade pode ser reconhecida por recobrir a maior parte da paisagem ou por ter um maior grau de conexão de sua área.

Diante do exposto, pode-se deduzir que, enquanto Zonneveld (1972) propõe uma abordagem sistêmica e organizada em níveis hierárquicos para explicar as diferentes unidades de paisagem, Forman & Godron (1986) apresentam um método de classificação voltado aos diferentes elementos de paisagens, representados de acordo com a cobertura e o uso do solo (manchas, corredores e matriz).

* * *

Embora as diferentes teorias e os diversos paradigmas clamem pela necessidade da cartografia integradora (a cartografia das paisagens), após a análise das diversas propostas metodológicas, verifica-se ainda a insistência pela representação gráfica das paisagens, de forma analítica, fragmentada e, às vezes, exaustiva.

O resultado são mapas difíceis de ser entendidos e totalmente distantes dos princípios do paradigma estruturalista, o que reforça uma das hipóteses aventadas neste livro, ou seja, os mapeamentos temáticos, no zoneamento ambiental, só ganharão viabilidade se os mapas forem elaborados de acordo com as concepções da semiologia gráfica. Assim, deverão ser mapas para serem "vistos", e não para serem "lidos". De forma que a percepção quanto à espacialização e análise conjunta da dinâmica processual no espaço geográfico deve ser imediata, com apreensão clara, trabalhando com o nível monossêmico das imagens gráficas.

Entretanto, embutido nessa temática está o grande desafio: quando a representação cartográfica é destinada a diferentes públicos, como no caso dos zoneamentos ambientais, a representação gráfica da informação apresenta sua própria comunicação cartográfica, sua própria semiologia. Trata-se de pontos extremamente importantes porque traduzem a linguagem gráfica, os quais serão abordados no próximo capítulo.

3
COMUNICAÇÃO CARTOGRÁFICA E REPRESENTAÇÃO GRÁFICA DAS UNIDADES DE PAISAGEM: UMA PROPOSTA METODOLÓGICA

A cartografia, ao longo de sua existência, sofreu várias transformações quanto ao nível de concepção, à área de abrangência e ao campo de atuação. Suas primeiras definições a colocam, de forma muito vaga e simplista, como uma disciplina cujo objetivo é a "representação da Terra". Outras a apresentam como "arte", e, dessa forma, a preocupação com a estética do mapa é fator primordial. Anos mais tarde, ela passa a ser entendida como uma "técnica", e a função de quem a pratica se deve, em grande parte, ao descaso com que se trata a linguagem da cartografia, que envolve a representação gráfica e visual.

Santos (1987, p.3), baseada em Dacey (1978, p.6), observa que:

as representações gráficas são expressões de uma linguagem, as quais apresentam-se como uma das quatro formas, que o ser humano usa para se comunicar, isto é, a linguagem das palavras, dos números, da música e da representação gráfica. Sendo que das quatro esta última é baseada na interpretação viso-espacial. Assim o mapa é um instrumento construído com a linguagem gráfica, usando símbolos carregados de significado, que devem ser trabalhados de forma a refletir a realidade.

Santos (idem, p.4) conclui que:

a atividade de mapeamento, entretanto, por mais simples e direta que seja, envolve várias transformações da realidade, no que diz respeito à escala, à projeção e simbologia. E essas transformações ultrapassam a experiência normal ou o horizonte de percepção da maioria dos indivíduos.

Apesar dessa conhecida importância, Martinelli (1994) destaca que, quando envolve a representação gráfica das unidades de paisagem, a comunicação cartográfica ainda constitui um desafio.

Inúmeros são os fatores que influenciam essa questão, e o mais evidente, já anteriormente destacado, vincula-se ao fato de ainda os mapeamentos ambientais apresentarem uma cartografia abordando os problemas socioambientais mediante representações analíticas, exaustivas e polissêmicas, em vez de utilizarem representações cartográficas baseadas nos fundamentos semiológicos de uma linguagem monossêmica.

De acordo com Martinelli (idem, p.69):

a polissemia acontece porque, tradicionalmente, a cartografia temática sempre ambicionou esgotar o tema que se propôs representar, exprimindo tudo ao mesmo tempo, superpondo ou justapondo os atributos ou variáveis em um único mapa. Realizados assim, os mapas não conseguem transmitir a visão de conjunto. Entretanto, são ideais quando desejamos conhecer o arranjo de todos os componentes ambientais em cada lugar.

Preocupações mais do que suficientes para resgatar, neste trabalho, algumas questões sobre os paradigmas da comunicação cartográfica.

Como não é o caso apresentar uma retrospectiva histórica de todas as correntes sobre teorias de comunicação, a reflexão prevalente se concentrará na corrente da "semiologia gráfica" (representação gráfica), por ser a base teórico-metodológica à qual esta pesquisa dá crédito e na qual se fundamenta.

A comunicação cartográfica e a semiologia gráfica (*la graphique* ou representação gráfica?)

Na cartografia, observam-se diversas correntes que retratam os pensamentos dos cientistas quanto à representação e comunicação cartográfica dos mapas. Entretanto, hoje, como fundamentos metodológicos aplicáveis à geografia são três as mais evidentes.

A primeira, o *paradigma sistêmico* (funcionalista) tem por base a teoria matemática da comunicação, em que Willian Weaver & Claude Shannon (1949) estabeleceram uma corrente teórica chamada de teoria da informação ou comunicação cartográfica (ver Figura 18), a qual é compreendida:

- pelo esquema "emissor – código – receptor";
- pela avaliação das perdas da informação, ao longo dos circuitos de comunicação, e pela forma de minimizá-los.

Nessa corrente, Weaver & Shannon (1949) afirmam que a quantidade de informação que entra é sempre a mesma que sai, limitando-se aos aspectos quantitativos. Nesse viés, a objetividade é garantida pela relação direta e inequívoca da lógica matemática da comunicação, não permitindo, assim, nenhuma subjetividade no esquema de comunicação.

Desse modo, a comunicação torna-se um ato que depende de dois elementos polarizados: transmissor e receptor. Entre eles, aparece o canal de comunicação (o código) comum aos dois, sem o qual não se poderia falar em transmissão da informação. Porém, se, ao longo desse processo de comunicação, determinados elementos não desejados pela fonte de informação produzirem alterações no sinal, estas determinarão o ruído de canal.[1] A partir desse sistema, Board (1967), Ratajski (1968) e Kolácny (1971) apresentam novos modelos de transmissão da informação, contribuindo para a evolução dessa temática.

---

1 De acordo com Epstein (apud Simielli, 1986, p.154), o ruído pode ser entendido como todo o fenômeno que se produz na ocasião de uma comunicação não pertencente à mensagem intencionalmente emitida.

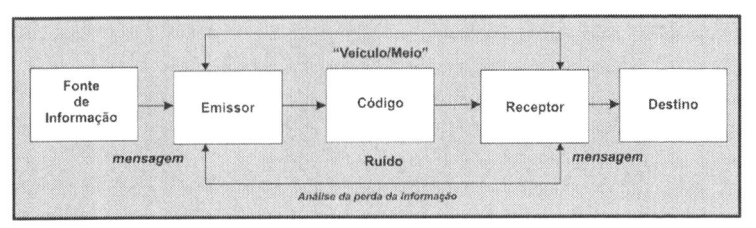

Fonte: Elaborada pela autora.

Figura 18 – Modelo da teoria matemática da comunicação (Weaver & Shannon, 1949).

A segunda corrente, o *paradigma cognitivo-evolutivo* (cognição), é apresentada por Salichtchev (1988) num interessante artigo intitulado "Algumas reflexões sobre o objeto e o método da cartografia depois da Sexta Conferência Internacional". Baseada nos estudos psicológicos, sua proposta tem como preocupação entender o comportamento do sujeito. Em vez de estudar o produto da ação, estuda o sujeito da ação.[2] Para atingir tal finalidade, lança mão do clássico diagrama de transmissão da informação cartográfica (ver Figura 19), bastante destacado nos trabalhos de comunicação cartográfica, visando explicar que, se o leitor tiver um bom cabedal de conhecimento sobre o tema do mapa e saberes correlatos, a informação que sai (análise e leitura) será maior do que a que entra (representação).

De acordo com Salichtchev (1988, p.113), "[...] a informação é objetiva, pois foi produzida sistematicamente através de um método científico, mas a interpretação pode sofrer influências por parte de cada especificidade dos leitores".

---

2 Vale destacar que o enfoque cognitivo-evolutivo, muito utilizado pela geografia, especificamente na alfabetização cartográfica, tem nessa linha de pesquisa a influência do trabalho de Jean Piaget, cujo argumento principal é: " [...] a interação da criança com a sociedade adulta é retratada mediante um processo de assimilação e acomodação cognitiva da mesma forma em que a base do pensamento lógico do ser humano está enraizada no desenvolvimento das habilidades cognitivas de cada pessoa". Com base nessa concepção, muitos autores têm evidenciado a existência de estágios de desenvolvimento cognitivo segundo a idade da criança e fundamentado a linha da cartografia para escolares (cartografia escolar).

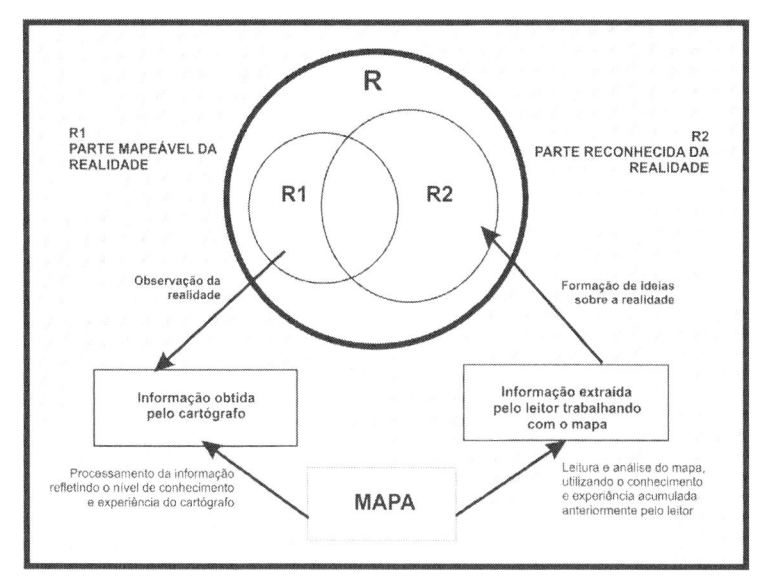

Fonte: Elaborada pela autora.

Figura 19 – Diagrama da transmissão da informação cartográfica (Salichtchev, 1988).

A terceira corrente, o *paradigma semiológico* – linha que norteou os mapeamentos temáticos apresentados neste livro –, é de cunho estruturalista, cientificamente conhecida como representação gráfica, e tem como base os pressupostos da semiologia gráfica, ciência cujo objeto é o estudo dos signos no interior dos sistemas sociais, composta de três níveis, já anteriormente definidos, distintos entre si: pragmático, sintático e semântico.[3]

---

3 O enfoque semiológico tem por base a evolução da linguística como ciência que estuda as linguagens naturais com métodos próprios. Ganha maior expressividade no decorrer do século XX, com base nas discussões apresentadas por Ferdinand de Saussure sobre a linguística sincrônica, cuja preocupação maior é estudar e descrever os sistemas linguísticos em sua estrutura. Assim, segundo Saussure (1913, p.21): "[...] através da linguística sincrônica pode-se conceber uma ciência que estude a vida dos signos no seio da vida social; ela constituiria uma parte da Psicologia social e, por conseguinte, da Psicologia geral; denominada por ele como Semiologia [...]".

Essa linguagem, considerada neste trabalho de fundamental importância para a comunicação cartográfica de mapeamentos temáticos, foi sistematizada na França, na década de 1960, por Jacques Bertin, expoente máximo dessa linha de pensamento. Partindo dos pressupostos que a base teórico-metodológica da comunicação dos fenômenos a serem representados nos mapas é dada pela semiologia geral, seu objeto de estudo volta-se para a explicação dos "signos e de sua vida no seio da sociedade" (Bertin, 1977, p.2).

Nessa abordagem, Bertin (idem) cria o termo *la graphique* – traduzido no Brasil como representação gráfica – para explicar o seu método lógico, segundo o qual o mapa se define como uma modalidade que explora visualmente o plano bidimensional da representação gráfica e deve ser compreendido a partir dos componentes da imagem gráfica, da linguagem gráfica e da transcrição visual.

Ao analisar os *componentes da imagem gráfica*, Bertin (idem) defende a ideia de que a imagem, na representação gráfica, é construída, lida e interpretada segundo três instâncias:

- dois componentes de localização relacionados aos componentes geográficos, ou seja, as duas dimensões no plano (latitude y e longitude x);
- um componente de qualificação (z), representada sobre o plano por meio de seis variáveis visuais (variáveis retilíneas), cuja finalidade maior é a qualificação da imagem, na terceira dimensão visual (z), mediante manchas visuais. São elas: o tamanho, o valor, a granulação, a cor, a orientação e a forma.

Contudo, essa mancha visual que define a imagem pode ocupar grandes espaços no mapa, como também apresentar dimensões bastante reduzidas, a depender das informações espaciais e relações topológicas que se pretende representar. Nesse caso, existem três diferentes modos de implantação visual (pontual, linear e zonal) para representar graficamente as informações espaciais.[4]

---

4 Maiores informações sobre essas variáveis visuais podem ser encontradas em Bertin (1977) e, no Brasil, em Martinelli (1996, 1998, 2003a, 2003b).

A *linguagem gráfica* entra como um sistema de signos gráficos e é formada pelo significado (conceito) e significante (imagem gráfica). Assim, deve possuir um significado único, transcrevendo uma relação monossêmica em que tanto o emissor (redator gráfico) quanto o receptor (usuário) se colocam como atores conscientes do mesmo problema: transcrever graficamente as três relações entre objetos (diversidade, ordem e proporção).

E, por fim, a *transcrição gráfica e visual* ocorre por meio de propriedades perceptivas, evidenciando três relações fundamentais: a diversidade (≠), a ordem (O) e a proporção (Q) entre objetos da realidade. Assim, a diversidade será transcrita por uma diversidade visual, a ordem, por uma ordem visual, e a proporcionalidade, por uma proporção visual. Também, as três propriedades perceptivas podem apresentar-se de forma associativa (objetos facilmente identificados num mesmo conjunto) ou dissociativa (objetos visivelmente identificados de forma variável).

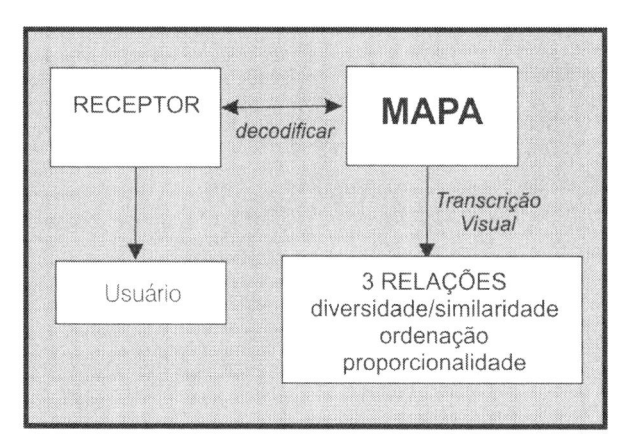

Fonte: Elaborada pela autora.

Figura 20 – Modelo da comunicação cartográfica na representação gráfica (semiologia gráfica) (Bertin, 1977).

A objetividade da corrente teórica que emprega o mapa como linguagem embasa-se na construção de mapas, gráficos e redes, a partir de uma gramática que se apoia na percepção visual. Quando essas construções obedecem às regras da gramática gráfica, a leitura é imediata, uma vez que tanto o redator quanto o usuário participam, conjuntamente, do conhecimento de uma realidade espacial da paisagem, que, nesse caso, é transcrita gráfica e visualmente pelos mapas.

A esse respeito, utilizando as próprias palavras de Bertin (1988, p.46):

> aumentar o número de *informações* representadas sobre um *mapa* é um problema psicológico. Há um limite: o das propriedades da percepção visual. Cada informação é uma imagem. Ora, pode-se superpor várias imagens, por exemplo várias fotografias sobre um mesmo filme e entretanto separar cada imagem? Esta impossibilidade é uma barreira intransponível. Quais são suas consequências? Como reduzi-las? Como contornar esta barreira? É o problema da cartografia politemática. E um dos objetivos da Semiologia Gráfica [...]. (grifos nossos)

Quanto à legibilidade referente às representações gráficas, esta dependerá da mensagem veiculada e dos objetivos de cada representação. Deve-se partir do princípio de que existem níveis diferenciados de leitura da informação: nível elementar, de conjunto e médio.

Nesse caso, Jacques Bertin (1988) alerta que um mapa temático deve apresentar legibilidade nos três níveis. Para isso, o autor diferencia os "mapas para ver", cuja percepção é quase imediata, dos "mapas para ler", que requerem mais atenção. Nestes, dada a complexidade gráfica que exige do usuário uma leitura mais cuidadosa, signo por signo, podem-se despertar múltiplas leituras e, consequentemente, a polissemia. Diz o autor (1988, p.49):

> os *mapas para ler* impedem [...] as multicomparações que fazem da Cartografia Moderna e, *principalmente da contemporânea com a inserção dos SIG's*, um dos instrumentos de base do tratamento da informação. Assim, para que as comparações sejam possíveis o mapa *deve possibilitar a leitura da informação espacial* de forma imediata, ou seja, ser um *mapa para ver*. (grifos nossos)

Sobre os diferentes níveis de leitura, Joly (2004, p.126) os define da seguinte maneira:

- o *nível elementar* diz respeito à observação de cada sinal ou símbolo. É um nível de análise ou de inventário que responde às questões simples: "onde? E "quê?" Ou "como?";
- o *nível de conjunto* diz respeito à observação global de todo o mapa como se o terreno fosse visto de um avião ou satélite. É o nível de síntese, uma mensagem que deve corresponder à intenção contida no título do mapa; e
- o *nível médio* refere-se à observação dos agrupamentos inter- mediários. É um nível de subdivisão ou de regionalização, isto é, de divisão do território em unidades geográficas distintas.

Por fim, uma das grandes contribuições da representação gráfica, para identificar de forma imediata a ocorrência de um fenômeno na paisagem e que, infelizmente, pouco se observa, ou mesmo prati- camente não se vê nos mapas concebidos por geógrafos, é a solução que Bertin (1988) apresenta para as problemáticas anteriormente levantadas: mapas "ver ou ler"?

Para diminuir o ruído da comunicação e a polissemia, duas so- luções são possíveis:

- o uso da coleção de mapas, como "legenda visual", cuja funcio- nalidade é mostrar as ocorrências espaciais de cada fenômeno, representado no plano bidimensional da superposição de várias imagens em um mesmo mapa;
- a cartografia de síntese, como uma cartografia integradora, cujo objetivo é colocar em evidência os conjuntos espaciais, os quais são resultados de agrupamentos de lugares caracterizados por agrupamentos de atributos ou variáveis.

Além dos apontamentos supracitados, Girardi (2000, p.43) sin- tetiza algumas considerações que merecem atenção:

um dos grandes equívocos que tem sido cometido por geógrafos é a utilização da Semiologia Gráfica como conjunto de regras para *analisar* os mapas quando, na realidade, são regras para *construir* imagens racionais, conjunto no qual inclui não só os mapas, como também os diagramas e as redes. [...] A grande importância do mapa na Geografia reside na sua *leitura* e não exclusivamente na sua *elaboração técnica*. [...] Podemos estabelecer um paralelo entre a leitura de textos e a de mapas: aprendemos a ler criticamente textos, chegando ao refinamento de desvendar sua ideologia, intenções e opções teórico-metodológicas, mas não aprendemos a fazer exercício semelhante em relação aos mapas. O exercício da leitura crítica de material escrito nos orienta na produção de nossos próprios textos. Os mapas copiamo-los, literalmente, ou produzimo-los sob um conjunto rígido de técnicas e, pior, não percebemos o conteúdo ideológico e às vezes até mitológico do que estamos reproduzindo [...] Convencionou-se a chamar de mapa aquelas construções que obedecem a padrões. No decorrer da formação em Geografia, somos treinados a operacionalizar e a construir tais mapas; eventualmente a analisá-los [...] Julgamos se o mapa é bom ou não, se é correto ou não, a partir da existência ou não de escala, de orientação, do título, de uso de variáveis visuais pertinentes, de coerência legenda-conteúdo, entre outros elementos. Isto sugere que o trabalho cartográfico seria um trabalho estritamente técnico – quase esbarrando no discurso da neutralidade – e acaba criando o vício da desconsideração de representações espaciais que não seguem o rigor cartográfico na análise espacial. Sendo o mapa uma forma de representação do espaço – representação gráfica e visual – podemos também entendê-lo como uma mediação entre a realidade e o leitor dessa realidade espacial; como uma imagem (possível) do mundo. Assim, o mapa reproduz um sistema de valores sociais que são culturais e históricos.

Como se observa, a autora, ao fazer suas análises, deixa bem claro que a sistematização de procedimentos técnicos é uma importante tarefa para a leitura gráfica e visual do mapa, porém é insuficiente para que se leia a sociedade por meio dos mapas, uma vez que esses procedimentos:

- levam em consideração apenas os aspectos técnicos da elaboração de mapa;

- colocam o leitor (usuário) primeiramente na função de tradutor do mapa a partir dos elementos da legenda;
- focalizam o mapa no contexto da atividade técnica e não de sua função social.

De forma semelhante, porém com outras abordagens, Martinelli (2002, p.321) também aponta a necessidade de uma leitura crítica por meio das representações cartográficas:

> a representação na ciência cartográfica envolve uma redução (escala), uma rotação (projeção) e uma abstração (sistema simbólico), sendo este último visto como um código. Mas hoje não se trata somente de fazer o registro da ocorrência em ponto, linha e área de objetos visíveis, fixos e duráveis, que estão sobre a superfície da Terra, classificando-os segundo categorias organizadas visualmente. O mundo não pode ser mais visto através de uma cartografia contemplativa [...] Os mapas assim concebidos muitas vezes transmitem informações mentirosas [...] por conta de uma metodologia de tratamento cartográfico condizente com a escola positivista [...] Deve-se, portanto, buscar uma *cartografia crítica* que, em suas representações, incorporasse as relações entre a natureza e os homens, como resultantes das relações sociais de produção, evidenciadas em certa época da história da sociedade.

Diante dessa realidade, concordando com Martinelli (1994), a cartografia, observada pela representação gráfica das unidades de paisagem, não pode ter, como tradicionalmente acontece, uma função meramente ilustrativa. Pelo contrário,

> deve constituir-se em um meio lógico capaz de revelar, sem ambiguidades, o conteúdo embutido na informação mobilizada e, portanto, dirigir o discurso do trabalho científico de forma abrangente, esclarecedora e crítica, socializando e desmistificando o mapa, enaltecendo, assim, a especificidade social da ciência cartográfica. (idem, 1994, p.63)

Em outras palavras, a elaboração de mapeamentos temáticos, no zoneamento ambiental, serve não apenas para descrever a paisagem cartográfica ou textualmente. Ao contrário, quando é destinada a diferentes públicos, como no caso do planejamento e zoneamento ambientais, sua representação gráfica tem a tripla função de registrar, tratar e comunicar visualmente a informação espacial.

Nesse caso especificamente, o tratamento gráfico e visual da informação deve basear-se em um sistema monossêmico (sentido único) e enaltecer uma cartografia de síntese (integradora). Indagações que tornam o estruturalismo da *la graphique* um importante paradigma para a elaboração gráfica de mapas temáticos, neste trabalho, servirão à análise ambiental.

Sobre isso, há ainda algumas questões:

• Como subsidiar uma cartografia de síntese que atenda, no zoneamento ambiental, às necessidades de adequada legibilidade quanto à representação das diferentes unidades de paisagem?

• Como revelar, sem ambiguidades, o conteúdo embutido em sua informação gráfica e visual?

• Como mobilizar um discurso esclarecedor e crítico, desmistificando a função social do mapa?

• Como considerar que as relações dinâmicas da sociedade com a natureza, no decorrer do tempo e espaço, transformam o espaço geográfico?

Diante de tais questionamentos, acredita-se que esse subsídio só será possível por meio de mapas que possibilitem, além da cartografia de síntese, também níveis diferenciados de leitura sobre a realidade espacial representada.

A ideia original que propõe entender a dinâmica espacial sob a perspectiva de vários níveis de leitura tem sido, atualmente, muito utilizada no Brasil pela cartografia escolar. Fundamentam este estudo as novas recomendações curriculares de História e Geografia (Lei de Diretrizes e Bases nº 9.394/96) para o ensino fundamental que, na última década, vêm incentivando a elaboração de uma nova versão de conjunto de mapas – os *atlas escolares municipais* –, que, diferentemente dos convencionais, permitem incluir num só volume vários níveis de leitura. Além da leitura gráfica (mapa), esses novos atlas associam a leitura iconográfica (fotografias) e também a leitura de textos escritos.

A partir dessa associação de leituras em sala de aula, Doin (2003, p.151) afirma que:

> o mapa torna-se a representação gráfica reduzida e seletiva dos diferentes espaços, a fotografia permite melhor expor os conceitos e elementos geográficos e o texto constitui uma legenda explicativa das informações relativas às fotografias e aos mapas.

Pois bem, com base na simples experiência anteriormente relatada sobre a importância de vários níveis de leitura para a leitura espacial, a fim de que os mapeamentos sejam incorporados como instrumentos eficazes na tomada de decisão por parte de planejadores, usuários e atores sociais do planejamento, a partir de agora se discutirá uma proposta de representação gráfica e visual que se fundamenta no paradigma estruturalista (semiologia gráfica) da cartografia, na tentativa de contribuir com uma sistematização cartográfica que forneça subsídios à análise da dinâmica da paisagem no zoneamento ambiental.

A representação gráfica das unidades de paisagem e os vários níveis de leitura

A referência à representação gráfica das unidades de paisagem, no zoneamento ambiental, não se relaciona apenas a uma imagem. Ela se configura, antes de tudo, como um cenário gráfico e visual da realidade estudada (ou uma síntese), o qual foi suscetível de ordenamentos, classificações e categorizações de áreas supostamente homogêneas, propiciando, assim, condições para as etapas futuras do diagnóstico, monitoramento e prognóstico de medidas mitigadoras do cenário ambiental enfocado, fatores indispensáveis para a realização de trabalhos que norteiam o planejamento ambiental.

Portanto, para que sua informação gráfica e visual seja realmente compreendida, faz-se necessário, prioritariamente, planejar a própria cartografia dos mapeamentos temáticos, de forma que representem de modo real as características e/ou informações das áreas mapeadas.

Para que isso ocorra, o planejador – que, nesse caso, torna-se o "redator gráfico" – deve simular suas representações gráficas, estabelecendo a transcodificação do cenário real (áreas homogêneas do espaço terrestre) para o cenário gráfico (mapa com a representação gráfica das unidades de paisagem), baseadas no sistema monossêmico da informação, a fim de evitar o "ruído" na comunicação do mapa ambiental que constitui um dos principais objetivos do paradigma semiológico.

Em outras palavras, ao elaborar a representação cartográfica dos mapeamentos temáticos no zoneamento ambiental, o planejador (redator gráfico) deve levar em conta as questões que são ou serão colocadas pelo usuário, já que tanto o redator quanto o usuário do mapa ficam numa mesma situação perceptiva diante do mapa.

Pressupõe-se, nesse caso, que, baseado nas informações contidas nos mapeamentos temáticos, o planejador organiza e efetiva o planejamento ambiental; sua leitura não pode ser feita pelo "usuário" por meio de questões implícitas ou explícitas. Ao contrário, a percepção sobre a representação não pode gerar dúvidas, deve ser imediata. O mapa deve revelar, sem ambiguidades, as características e a dinâmica dessa paisagem, pois, somente assim, a elaboração de cenários gráficos (mapas) alcançará sua meta final no zoneamento ambiental.

Martinelli & Pedrotti (2001, p.40) apresentam uma clara sintetização sobre a apreensão das unidades de paisagem com base representação cartográfica:

> a paisagem é o que vemos diante de nós. É uma realidade visível. É uma visão de conjunto percebida a partir do espaço circundante. Não tem, assim, uma existência própria, em si. Ela existe a partir do sujeito que a apreende: cada pessoa vê diferentemente de outra, não

só em função do direcionamento de sua observação, como também em termos de seus interesses individuais.

Devem-se considerar que, para chegar à representação gráfica e visual da paisagem, duas etapas de cartografias distintas são necessárias:

- *Cartografia analítica*: por meio da qual, mediado pelo levantamento físico e socioeconômico, o planejador analisa graficamente, de forma fragmentada, todos os elementos necessários para a construção de cenários representativos de sua realidade, tais como drenagem, geologia, geomorfologia, pedologia, uso e ocupação do solo, entre outros.
- *Cartografia de síntese*: propõe um mapa final, comumente chamado de mapa-síntese, fruto de uma integração de informações, da reconstrução do todo, o qual serve ao planejador como instrumento para as tomadas de decisões. Esse tipo de mapa indica as áreas com potencialidades e fragilidades da realidade espacial e, consequentemente, permite propostas para o zoneamento ambiental.

Nesses casos, para que os mapeamentos possam minimizar o "ruído" durante a comunicação cartográfica, apresenta-se, neste capítulo, uma proposta para a representação cartográfica da paisagem. Vale destacar que essa proposição se fundamenta em clássicas discussões enunciadas tanto por Bertin (1977, 1978) como, mais recentemente, por Martinelli (1994) e Martinelli & Pedrotti (2001).

Assim, semelhantemente à nova proposta curricular de Geografia e História, com algumas adaptações, propõe-se aqui que a representação da paisagem no zoneamento ambiental, desde sua cartografia analítica até a de síntese, seja realizada por meio de vários níveis de leitura, para a compreensão, a leitura e, principalmente, para o poder de síntese sobre o comportamento e a dinâmica espacial da paisagem.

Acredita-se que, somente assim, intermediada pelo agrupamento de vários níveis de leitura possíveis em um mesmo documento, a representação cartográfica permitirá memorizar rapidamente um grande número de informações, atingindo, então, seu grande objetivo: a comunicação.

Tendo na eficácia da comunicação seu objetivo prioritário, necessita-se que ela seja transcrita de maneira conveniente e ordenada visualmente, segundo três níveis de leitura (ver Figura 21):

- *leitura bidimensional*: que representará questões de nível elementar (em tal lugar, o que há?) e de conjunto (tal atributo, onde está?);
- *leitura em perspectiva (x, y, z)*: que fornecerá a visão elementar e de conjunto, por meio das diferentes posições das visões oblíquas e verticais, ("de cima");
- *leitura iconográfica com legenda por coleção de mapas*; que, além de permitir a leitura do mapa, tanto em nível de conjunto como em nível elementar, fornece o registro fotográfico, ou seja, o registro imediato e visível, do cenário local.

Fonte: Elaborada pela autora.

Figura 21 – *Layout* do modelo de representação gráfica dos mapeamentos temáticos, segundo os vários níveis de leitura.

Convém destacar que, nesse processo, Cardoso (1984, p.39) destaca muito bem a importância que os vários níveis de leitura assumem para a percepção espacial:

> Pelo fato do ser humano estar mais acostumado a compreender a leitura que parte do elementar e chega ao global, muitas vezes, apresenta algumas dificuldades em compreender que para a leitura espacial e visual o processo é inverso. Ou seja, sua leitura acontece do global para o particular, visto que pela naturalidade da própria ação humana, o olho humano, antes de tudo, generaliza, vê o conjunto, e só depois vai ao detalhe.

É nesse contexto que aparece a originalidade quando aplicada ao zoneamento ambiental. Pelo fato de a representação gráfica ser construída contemplando vários níveis de leitura, o usuário pode entender a dinâmica e o arranjo espacial, do conjunto ao detalhe e do detalhe ao conjunto; descobrir as questões mais pertinentes do cenário socioambiental, do global para o particular, até que a informação transcrita tenha revelado, realmente, todas as relações nela contidas; e, a partir daí, propor seu (re)ordenamento ambiental ou mesmo físico-territorial. A seguir, serão apresentados mais detalhes sobre a proposta metodológica.

Leitura bidimensional

A leitura bidimensional é a forma mais tradicional da representação cartográfica, uma vez que dispõe de três variáveis sensíveis para sua comunicação gráfica e visual:

- *as duas dimensões do plano* (X e Y), que na representação cartográfica ganham destaque pelo componente locacional que exercem quanto à posição (longitude e latitude);
- *a variação dos signos no plano*, os quais devem ser explorados visualmente dentro de: três propriedades perceptivas (qualitativo/seletivo, quantitativo e ordenado); três modos de implantação (pontual, linear e zonal) e as seis variáveis visuais (cor, valor, granulação, textura, orientação e forma).

Dessa forma, a leitura bidimensional envolve representações, em superfície plana, das porções homogêneas ou heterogêneas de um terreno, identificado e delimitado pelo mapeamento temático. Todo o seu sistema de informação visual comunica ao mesmo tempo as relações entre estas três variáveis, respondendo a questões de nível elementar (em tal lugar, o que há?) e de conjunto (tal atributo, onde está?).

Aplicada ao mapeamento ambiental, por exemplo, a representação bidimensional restringe-se à transcodificação da paisagem visível do mundo real para uma visão horizontal gráfica, onde se encontram o planejador e o usuário. O planejador, nesse caso, é redator gráfico do mapa e o usuário, o agente social, o qual fará uso das informações contidas em sua comunicação cartográfica.

Todavia, para que as representações bidimensionais tornem-se instrumentos legais de informações sobre a realidade espacial, devem-se considerar os três ciclos da comunicação cartográfica, segundo (Menezes & Ávila, 2005): ciclo de comunicação ideal, de comunicação real redator-usuário e de comunicação falha.

De acordo com Menezes & Ávila (idem), no *ciclo de comunicação ideal* (ver Figura 22) o planejador (redator gráfico) faz a leitura e interpretação do mundo real, codificando as informações para o documento de comunicação (o mapa). O usuário, por sua vez, sem contato com o mundo real, fará a leitura e interpretação das informações contidas no mapa, para que, ao decodificá-las, possa reconstituir o mundo real. Esse tipo de ciclo não é alcançado na maioria das vezes. Consegue-se uma aproximação por meio de fotomapas ou ortofotocartas, o que dependerá ainda do tipo de informação que se vai veicular.

Já o *ciclo de comunicação real* entre o planejador e o usuário (ver Figura 23) mostra que, na leitura e interpretação feitas pelo planejador do mundo real, será criado um modelo segundo sua visão, só passando sua codificação para o mapa. Nesse caso, a leitura e interpretação dessa informação pelo usuário permitem, no máximo, que se chegue até a visão do mundo real produzida pelo planejador. Não se consegue chegar ao mundo real, porém alcança-se a comunicação a partir do momento em que o usuário codifica com sucesso o mundo real na mesma visão do cartógrafo.

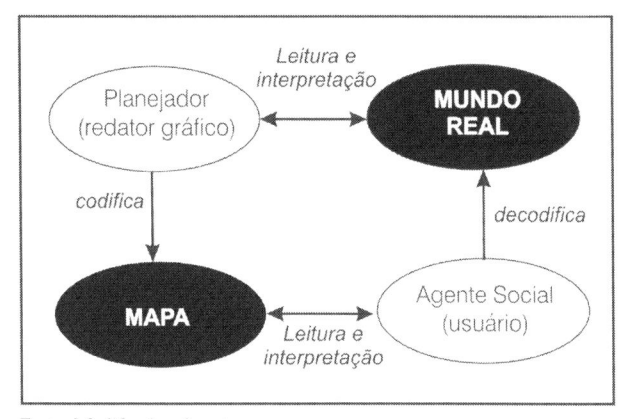

Fonte: Modificada pela autora.

Figura 22 – Modelo de comunicação ideal das representações bidimensionais.

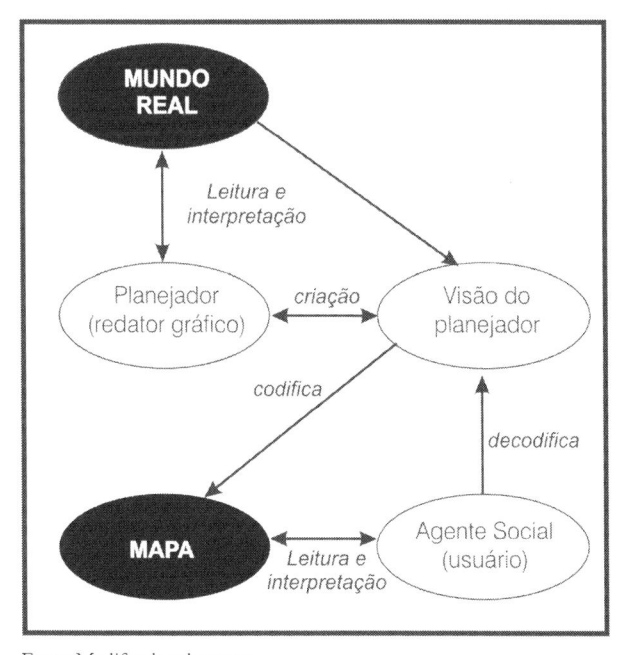

Fonte: Modificada pela autora.

Figura 23 – Modelo de comunicação real entre planejador e usuário.

E, por último, no esquema de *ciclo de comunicação falha* (ver Figura 24), o usuário não consegue, no processo de leitura e posterior decodificação da informação transmitida pelo mapa, chegar à visão do mundo real, conforme definida pelo planejador. Cria-se uma outra visão, agora fixada pelo usuário, segundo a qual ele vê ou reconstitui o mundo real. Nesse processo, o erro tanto pode ser do planejador, que não soube codificar sua representação do mundo real no mapa, quanto do usuário, por não saber como decodificar essas informações. De uma ou outra maneira, nessa circunstância a comunicação cartográfica não é alcançada.

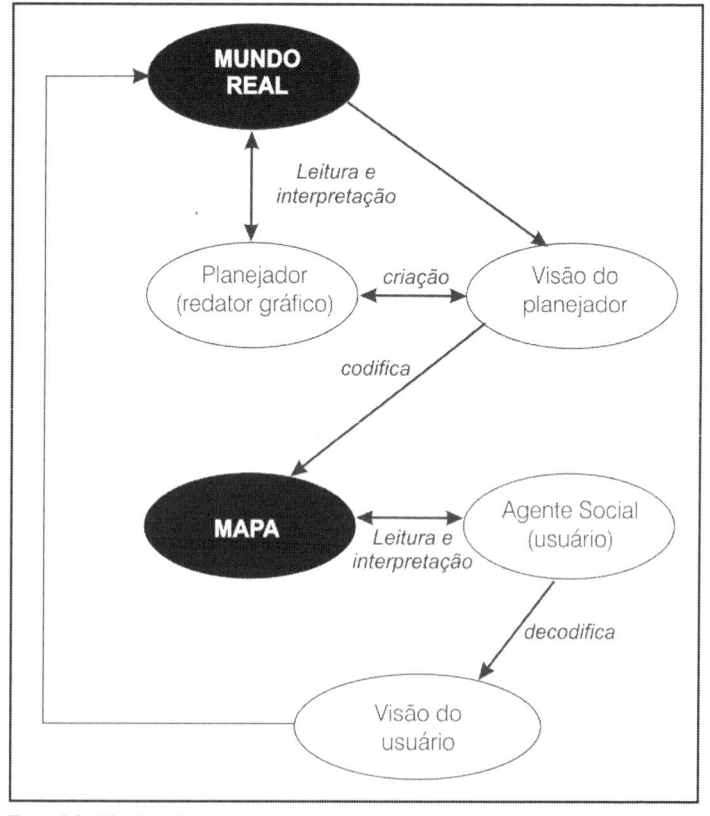

Fonte: Modificada pela autora.

Figura 24 – Modelo de comunicação falha entre planejador e usuário.

Em suma, a teoria da informação mostra que, quando a quantidade de informação fornecida pelas representações bidimensionais não é muito grande, a imagem torna-se monossêmica, ou seja, é percebida num instante, como uma totalidade, num rápido lance de olho sobre os detalhes subjacentes. Se, pelo contrário, sua mensagem visual for muito densa, muito complexa, a visão será levada a explorar a imagem, a fixar certo número de pontos, memorizá-los, até ser capaz de efetuar a integração necessária. Resultando, daí, em mapas exaustivos com possibilidades de leituras polissêmicas.

Leitura em perspectiva (x, y, z)

Com a finalidade de fornecer uma análise de conjunto por meio dos diferentes arranjos espaciais, as representações em perspectiva (estereográficas) sempre foram classicamente exploradas por estudiosos da geografia física. Pelos chamados blocos-diagramas, seu caráter sugestivo possibilita ao leitor não especialista tomar contato com a paisagem aparente, tal como ela é realmente, vista a partir de determinado ponto.

Entretanto, Bertin (apud Martinelli, 1994, p.76):

> não considera tais construções gráficas como mapas, pois deformam o plano bidimensional; as localizações sobre este passam a não ser mais homotéticas à constante da localização geográfica em termos absolutos e a imagem percebida não pode mais ser considerada como universal: haverá uma impressão do espaço tridimensional diferente para cada observador, conforme o ponto em que ele se situar diante da paisagem para apreciá-la (azimute e elevação).

Apesar da pertinente observação, Martinelli (idem) argumenta que:

> não podemos deixar de lado seu valor educativo. Permite ao consulente uma visão panorâmica da paisagem, mais próxima de sua realidade, libertando-o de certa forma da insólita rigidez da visão

vertical (zenital) que o mapa impõe. Entretanto, a geometria da imagem será sempre fixada a partir do ponto de vista que o construtor do bloco-diagrama privilegiar. Para que o consulente se liberte completamente da rigidez imposta pela escolha do ponto de observação definido pelo construtor, a solução alternativa é a construção do modelo tridimensional (maquete), a qual, além de contar com esta vantagem, minimiza a dificuldade da decodificação, dada a extrema similaridade com a realidade do observador.

Sobre a construção de modelos tridimensionais, convém lembrar que, no decorrer da década de 1990, com a utilização em grande escala da geoinformação na cartografia, tornou-se possível armazenar e representar o mundo real em ambiente digital (computacional), abrindo espaço para o aparecimento de poderosos instrumentos tecnológicos capazes de gerar, cruzar e analisar informações relativas ao ambiente espacial.

Consequentemente ao desenvolvimento de novas tecnologias e ao uso da geoinformação na cartografia, Slocum (1998, p.19-20) é o primeiro pesquisador a se preocupar com a necessidade de acrescentar duas novas formas de implantação gráfica do mapa à versão original de Jacques Bertin:

- *Modo de implantação 2½ D*: trata-se de uma superfície onde cada ponto é definido por latitude, longitude e um valor (acima de um ponto 0 e abaixo de um ponto 0) (ver Figura 25).
- *Modo de implantação 3D verdadeiro*: trata-se de uma superfície onde cada latitude e longitude pode possuir múltiplos valores associados (latitude, longitude, altura acima ou profundidade abaixo) (ver Figura 26),

A partir desses novos modos de implantação, o relevo que anteriormente era representado em terceira dimensão por meio de blocos-diagramas pelos métodos gráficos tradicionais passa a ser inferido pelos chamados modelos digitais de elevação – ou modelos numéricos do terreno (MNT) – pela cartografia digital.

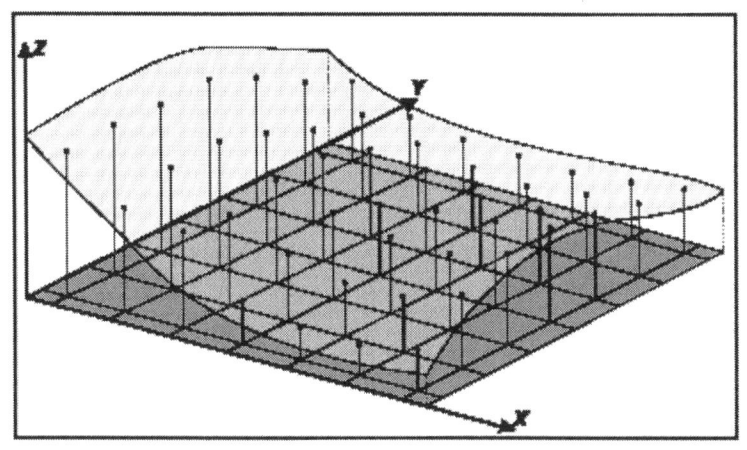

Fonte: Adaptada de Namikawa (1995, p.24)

Figura 25 – Modo de implantação em perspectiva: modo 2½ D verdadeiro.

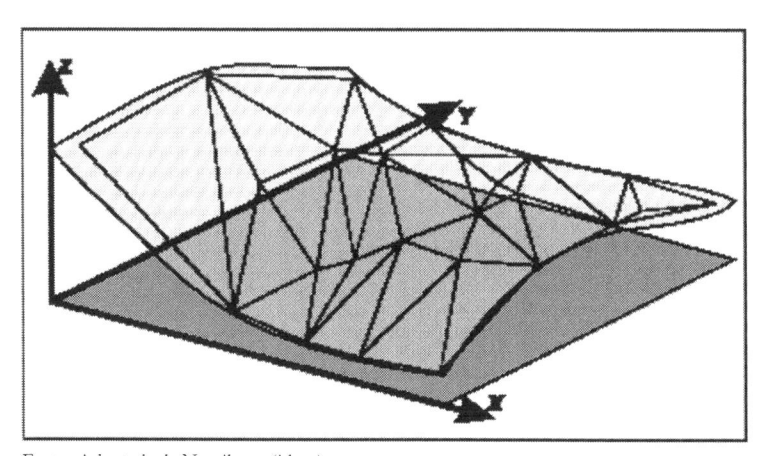

Fonte: Adaptada de Namikawa (idem).

Figura 26 – Modo de implantação em perspectiva: modo 3D verdadeiro.

Em suma, são justamente as formas de representação numérica do relevo, em base digital, que, associadas a uma estrutura estatístico-matemática, permitem a leitura da superfície terrestre em perspectiva, ou seja, no formato bi ou tridimensional (x, y, z).

A grande vantagem da leitura em perspectiva sobre a paisagem é a possibilidade de análise em termos de conjunto espacial na percepção sinótica, ou seja, o usuário, ao deixar a visão horizontal da informação para atingir a visão quase vertical, tem na paisagem praticamente uma imagem, vista de "cima", como se fosse uma fotografia aérea com estereoscopia. Essa leitura pode facilitar muito o estudo do conjunto espacial das diferentes paisagens.

O avanço da informática possibilitou não apenas a conversão das informações analógicas em digitais. A partir dos anos 90, fez surgir, por meio da visualização cartográfica,[5] uma nova forma de "criar, estruturar, armazenar, manipular, analisar, distribuir" (Ramos, 2005, p.14), bem como de comunicar suas representações espaciais.

Hoje, por meio da estruturação de um banco de dados geográficos, é possível elaborar representações gráficas (mapas) com animações, fotos, áudio, vídeos, *links* etc., que possibilitam ao usuário acesso a produtos cartográficos dotados do chamado efeito multimídia, definido como "qualquer combinação de texto, arte gráfica, som, animação e vídeo transmitida pela tela do computador" (Vaughan, 1994 apud Ramos, 2005, p.50).

Com isso, os modelos digitais de elevação deixaram de ser apenas uma estrutura da superfície terrestre em perspectiva estática para tornarem-se também uma estrutura com plataforma dinâmico-interativa, que, associada aos efeitos multimídias de programas de

---

5 De acordo com Ramos (2005, p.33-47), embora haja uma interação entre visualização e comunicação cartográfica, permanece uma interdependência entre ambas. Esclarece a autora que, na visualização, não há comunicação estanque, unilateral, da concepção de mundo do cartógrafo, mas, sim, uma comunicação interativa em que o usuário, dispondo de instrumental para exploração das informações do mapa, constrói o conhecimento e chega à comunicação final, construída por ele mesmo. A partir desse objetivo, a preocupação atual dos pesquisadores em visualização cartográfica consiste em estudar o uso de novas tecnologias para prover ferramental exploratório a fim de facilitar a visualização espacial e fornecer ao leitor informações que não seriam visíveis por meio de mapas em papel. O processo de comunicação cartográfica pode compreender o uso de cartografia digital e também de sistemas de informação geográfica como subsídio para a elaboração de mapas estruturados para consulta em ambientes digitais interativos, ou seja, mapas elaborados para serem instrumentos de análise exploratória.

análise espacial – como os SIG –, possibilita aos usuários, na tela do computador, simular voos em 3D panorâmico-virtuais sobre as diferentes paisagens em qualquer área desejada.

Segundo Valério Neto, Machado, Oliveira (2002, p.5-7):

> certos cuidados têm que haver no emprego da terminologia virtual. Pelo fato de ser, na atualidade, um termo bastante abrangente é comum ver acadêmicos, desenvolvedores de *software* e pesquisadores defini-lo com base em suas próprias experiências, gerando definições diversas na literatura.

A palavra virtual é usada para denotar o mundo digital, criado a partir de técnicas oferecidas pela computação gráfica. Uma vez que é possível interagir e explorar qualquer objeto por meio de efeito multimídia interativo, ele se transforma em um ambiente virtual. Porém, se essa interação for mais imersiva, por oferecer uma forte sensação de presença dentro desse mundo virtual, esse objeto passa a ser chamado de realidade virtual.

Nesse contexto, associado às representações gráficas bidimensionais (mapas) e tridimensionais (MNT), o voo 3D, definido aqui como voo panorâmico em 3D, pode oferecer grande potencial de transmissão de informação no ato da comunicação cartográfica da paisagem, uma vez que oferece representações gráficas dinâmicas e animadas, com grande capacidade de interagir de forma individualizada e em conjunto pelas unidades de paisagem, em oposição aos meios tradicionais. Um exemplo de suas vantagens e aplicabilidades será apresentado ao final capítulo 4, quando da simulação de um voo panorâmico em 3D sobre os diferentes usos e sobre a ocupação do solo da área de estudo.

Leitura iconográfica com legenda por coleção de mapas

Cabe ressaltar agora a importante função que a leitura iconográfica oferece aos mapeamentos ambientais, uma vez que permite analisar a paisagem de uma área de estudo de forma visível. Por meio de registros fotográficos, o planejador consegue mostrar os detalhes sobre o espaço geográfico, suas realidades espaciais e as evoluções temporoespaciais de um cenário atual, contrastando-o com um cenário passado.

Nessa perspectiva, Martinelli (1994, p.76) destaca que:

> é incontestável a função de representação paisagística da fotografia. Tradicionalmente, o geógrafo recorre a este tipo de registro para fixar certas características da realidade que está pesquisando. Muitas vezes com o propósito de ilustrar o que o texto "diz" [...] assim a fotografia torna-se um instrumental importantíssimo, aproximando mais o grande público aos objetos de estudo científico.

Associado à legenda por coleção de mapas, o registro fotográfico permite ao planejador espacializar a ocorrência de um determinado elemento da paisagem para indicar ao usuário onde "tal atributo está".

Essa tática não é nenhuma grande novidade. O Programa Intergovernamental sobre o Homem e a Biosfera (MaB) da Unesco (1985), em seu trabalho *Cartographie intégrée de l'environnement: um outil pour la recherche et pour l'aménagement* [*Cartografia integrada do meio ambiente: como uma ferramenta para a pesquisa e planejamento*], utiliza as fotografias associadas aos mapas bidimensionais, como alternativas esclarecedoras acerca dos problemas ambientais, disponibilizando-as para o domínio público.

Não há, entretanto, nenhum registro, até o presente momento, de trabalhos que se destinem ao zoneamento ambiental, fazendo uso dos três níveis de leitura (bidimensional, em perspectiva, iconográfica com coleção de mapas) para a representação cartográfica dos diversos mapeamentos relativos às unidades de paisagem, fato que viabiliza sua aplicação.

* * *

Pelo exposto nas abordagens deste capítulo, pode-se constatar que linguagem, comunicação e tratamento gráfico da informação sempre estiveram atrelados aos objetivos da cartografia. Todavia, com a revolução informacional-tecnológica, a partir da segunda metade do século XX, e com a necessidade de acompanhar o dinamismo de análises espaciais, surgiram, na cartografia, novas formas de comunicação em ambientes digitais. Nestes, além das possibilidades de leitura em perspectiva por meio dos modelos numéricos do terreno, também surgiram as plataformas interativas e dinâmicas por meio dos efeitos multimídias.

Mudanças mais do que suficientes para acrescentar aos fundamentos da semiologia gráfica formas inovadoras de representação gráfica, visando à leitura dos fatos e fenômenos geográficos observados na paisagem. São elas a leitura bidimensional, em perspectiva estática e dinâmica, e a iconográfica com legenda por coleção de mapas.

Porém, como proceder a essa metodologia nas diversas fases do zoneamento ambiental, que vão desde a cartografia analítica até a cartografia integradora (de síntese), que é o reflexo gráfico da paisagem, é algo que será abordado no próximo capítulo, o qual foi idealizado como um estudo de caso para aplicabilidade da citada metodologia.

4
A REPRESENTAÇÃO GRÁFICA DAS UNIDADES DE PAISAGEM NO ZONEAMENTO AMBIENTAL MUNICIPAL

Com o propósito de veicular a proposta metodológica menciona-da no capítulo anterior, este capítulo apresentará uma proposta de zoneamento ambiental municipal, a partir de um estudo de caso no município de Ourinhos,[1] na qual se utiliza a cartografia de síntese, como documento-síntese geoambiental, para o inventário e a representação das características ambientais das diferentes unidades de paisagem no cenário enfocado.

Portanto, na tentativa de contribuir para a sistematização de uma cartografia que atenda a diferentes públicos e também contemple a representação gráfica das unidades de paisagem, em trabalhos que se destinam ao zoneamento ambiental, caberá a este capítulo apresentar todos os mapeamentos (desde os analíticos até o de síntese),

---

1 O município de Ourinhos encontra-se em fase de implantação de seu plano diretor. O antigo Plano Diretor do Município, denominado como Plano Diretor Físico, foi aprovado pela Câmara Municipal, em sessão de 24 de novembro de 1982 e lavrado em 26 de novembro de 1982, sob a Lei Orgânica n° 2.408, na gestão do prefeito Aldo Matachana Thomé. Desde então, nenhuma alteração foi acrescida à primeira versão, ficando o município, durante 23 anos, sem metas e diretrizes voltadas ao planejamento ambiental e físico-territorial. Somente a partir de dezembro de 2005 que a gestão (2005-2009), representada pelo prefeito Toshio Misato, contrata o Instituto Uniemp para prestar assessoria na elaboração e no quadro propositivo do novo plano diretor municipal.

conforme a proposta metodológica dos diferentes níveis de leituras (bidimensional, em perspectiva e iconográfica com legenda de coleção de mapas).

Com o intuito de mostrar as novas possibilidades da comunicação cartográfica, a partir das interfaces de programas que permitem análise espacial, pretende-se também destacar outra possibilidade de leitura – a leitura em perspectiva dinâmico-interativa – , em que, por meio de um "protótipo executável", será possível apresentar um exemplo de um "voo panorâmico em 3D", simulado sobre os diferentes usos e ocupação do solo que compõem as unidades de paisagem de qualquer área estudada.

A importância do zoneamento ambiental na gestão do plano diretor municipal

Durante a elaboração de um plano diretor, um dos questionamentos mais comuns refere-se à importância que o zoneamento ambiental assume para a política de planejamento físico-territorial municipal.

O Estatuto da Cidade (Lei nº 10.257 de junho de 2001), em seu artigo 40, entre os parágrafos 1º a 4º , define o plano diretor como:

> um instrumento básico, aprovado por lei municipal, que determina a política de desenvolvimento e planejamento municipal, devendo englobar o território do Município como um todo; ser revisto, pelo menos, a cada dez anos; promover audiências públicas e debates com a participação da população e/ou vários segmentos da comunidade, além de acessibilidade de qualquer interessado aos documentos e informações produzidos.

Quando um plano diretor se preocupa em representar o ordenamento atual e futuro do espaço municipal, costuma usar como instrumento de gestão físico-territorial o zoneamento. Nesse sentido, durante o planejamento municipal, pode-se dizer que o zoneamento é o instrumento mais difundido no Brasil, como também o mais criticado.

A crítica ocorre porque a maioria das cidades, ao elaborar seu zoneamento, baseia-se nos modelos tradicionais, de caráter funcionalista, em que as áreas urbana e rural são divididas em macrozonas e/ou zonas, de acordo com suas categorias de usos e atividades, sem sequer incorporar diretrizes que visem à proteção e ao controle ambientais, sobretudo em áreas de fundo de vale, denso fluxo de mananciais, declividades impróprias, probabilidades de erosão, aumento de permeabilidade do solo, grande potencial para contaminação, intensificação de poluição e formação de ilha de calor, entre outras.

Diante dessa realidade, em páginas anteriores o próprio Estatuto da Cidade (em seu artigo 2º, incisos I e IV) declara que:

> a política de desenvolvimento municipal deve garantir o direito a cidades sustentáveis, entendido como o direito à terra urbana, à moradia, ao saneamento ambiental e infraestrutura, ao transporte e aos serviços públicos, ao trabalho e ao lazer, para as presentes e futuras gerações [...] Além disso, o Estatuto deve evitar e corrigir os efeitos negativos do crescimento municipal sobre o meio ambiente; a ordenação do uso e ocupação do solo deve minimizar a deteriorização, poluição e degradação ambiental nas áreas urbanas e rurais; a expansão urbana deve ser compatível com os limites da sustentabilidade ambiental; e promover a proteção, preservação e recuperação do meio ambiente natural e construído, do patrimônio cultural, histórico, artístico, paisagístico e arqueológico.

E mais adiante (no artigo 4º, inciso III e alínea d), prevê a incorporação, no plano diretor municipal, do zoneamento ambiental como instrumento de política e planejamento ambiental municipal.

Vale esclarecer que, segundo Braga & Carvalho (2003, p.119-20), foi a Conferência Habitat 2, realizada em Istambul, na Turquia, em 1996, que colocou as cidades no foco do desenvolvimento sustentável, oferecendo um marco de objetivos, princípios e compromissos para a consecução de assentamentos humanos sustentáveis. Desse debate, emerge a Agenda Habitat e o conceito de cidade sustentável incorporado no Estatuto da Cidade (Lei nº10.257 de 10 de julho de 2001).

Desde então, cada vez mais, os municípios brasileiros têm apresentado em seus planos diretores propostas de zoneamento e planejamento ambientais municipais, pois constituem um dos instrumentos básicos para uma política de desenvolvimento e garantia de qualidade de vida no município durante o período preestabelecido.

Para Braga & Carvalho (2003, p.123), as maiores causas dessa incorporação resumem-se aos dois apontamentos apresentados a seguir:

1) pelo fato do Zoneamento tradicional não contribuir para a redução da degradação ambiental, é preciso repensar esse instrumento de gestão readequando-o aos princípios de natureza social e ambiental; 2) assim, devem-se basear não só nas compatibilidades de usos (urbanos e *rurais*) [...] mas também na capacidade de suporte do meio e nas características ambientais das diversas unidades de paisagens, *sendo elas* urbanas *e rurais*. (grifos nossos)

Concordando com Silva (1994, p.184), também citado por Braga (2001b, p. 114):

tradicionalmente o tipo de Zoneamento praticado em nível local refere-se ao Zoneamento de Uso e Ocupação do Solo com fins urbanísticos, ou seja, a definição das áreas adequadas aos usos residencial, industrial e comercial na cidade, segundo critérios de compatibilidade de vizinhança e capacidade de suporte da infraestrutura. A possibilidade de um Zoneamento com fins explicitamente ambientais (embora o Zoneamento tradicional também tenha um forte componente ambiental) consiste num avanço, na medida em que pressupõe o estabelecimento de zonas especiais visando a preservação, melhoria e recuperação ambiental, o que inclui as áreas de proteção ambiental e as áreas verdes urbanas.

Ou, de uma forma simplista, os planos diretores visam, nesses tempos, elaborar um planejamento ambiental em que a tríade natureza-homem-sociedade passa a ser planejada e compreendida de maneira integrada.

Diante dessa tríade, destaca a Organização das Nações Unidas (ONU) (1992) que:

> um plano diretor atingirá o ideário a que se propõe – instrumento de planejamento ambiental – quando enfocar os três propósitos: 1. visar ao aprimoramento das relações entre o homem e a natureza; 2. definir objetivos e metas políticas claras e bem consolidadas por meio das diretrizes e ações/propostas; e 3. desenvolver um diagnóstico de sustentabilidade futura preocupado com os recursos naturais e o bem-estar da sociedade.

A elaboração de um plano diretor exige o completo conhecimento da realidade municipal. Isso requer do planejador desde levantamentos de aspectos físicos até os socioeconômicos, culturais e institucionais, o que faz do zoneamento ambiental municipal um importante recurso para avaliação dos usos compatíveis com as potencialidades ambientais.

No Brasil, apesar de se reconhecer que o sucesso de um zoneamento ambiental depende da metodologia empregada e dos temas escolhidos, é muito raro encontrar justificativas sobre a seleção do conteúdo de cada um deles. A prática mostra que é comum essa decisão basear-se praticamente na disponibilidade dos dados de entrada.

Em outras palavras, isso requer entender que não existe uma padronização preestabelecida de conteúdo temático para os zoneamentos ambientais e, consequentemente, para o planejamento e a gestão ambientais municipais. No entanto, alguns deles são muito frequentes, como os que retratam as pressões humanas e o estado do meio em seus diferentes planos. O estado do meio costuma ser avaliado por temas relacionados aos aspectos físicos (climatologia, geologia, geomorfologia, pedologia e hidrologia) e biológicos (vegetação e fauna). As pressões são verificadas pela avaliação das atividades humanas, sociais e econômicas (uso da terra, demografia, condições de vida da população e infraestrutura de serviços).

Concepção teórica-metodológica do zoneamento ambiental municipal

Apesar de o zoneamento ecológico-econômico (ZEE) ser adotado como o modelo oficial brasileiro para planejamento sob a perspectiva ambiental, neste trabalho a metodologia adotada empregará, como concepção teórica, o método de investigação da abordagem sistêmica, tendo como base a proposta de Rodriguez (1994, p.583),[2] o qual afirma

> que a análise sistêmica baseia-se no conceito de paisagem como um "todo sistêmico" em que se combinam a natureza, a economia, a sociedade e a cultura, em um amplo contexto de inúmeras variáveis que buscam representar a relação da natureza como um sistema e dela com o homem.

Pode-se dizer que três razões influenciaram diretamente a escolha dessa proposta metodológica:

- O fato de que, em sua visão sistêmica, as unidades de paisagem são consideradas sujeito e objeto da atividade humana.

Sujeito, na medida em que a paisagem possui características (recursos potenciais) que servem de suporte básico ao desenvolvi-

---

2 José Manuel Mateo Rodriguez é geógrafo e professor doutor da Faculdade de Geografia da Universidade de Havana, em Cuba. Nos anos de 1992-1994, durante uma pesquisa cubano-brasileira com apoio da Fundação de Amparo à Pesquisa do Estado de São Paulo (Fapesp), fruto do intercâmbio entre o Laboratório de Planejamento Municipal do Departamento de Planejamento Regional, o Instituto de Geociências e Ciências Exatas (IGCE) da Unesp de Rio Claro e a Faculdade de Geografia de da Universidade de Havana, o professor Mateo Rodriguez traz para o Brasil sua proposta metodológica de planejamento ambiental com vistas à concepção geoecológica das paisagens. Após a publicação de seu artigo "Planejamento ambiental como campo de ação da geografia", no 5º Congresso Brasileiro de Geógrafos da AGB, realizado em 1994, na cidade de Curitiba, no Paraná, verifica-se uma grande difusão de sua doutrina nos diversos trabalhos acadêmico-científicos dessa natureza.

mento social. *Objeto*, tendo em vista que a atividade humana, com sua dinâmica, transforma a paisagem que lhe serve de base. (Mateo Rodriguez et al., 1995, p.84)

Na dupla consideração sobre a paisagem – *suporte* básico para a sociedade, como recurso potencial, e *objeto* de transformação no processo de satisfação das necessidades sociais –, reside o esquema fundamental para a compreensão da dinâmica natural e social da paisagem de um município, sob o ponto de vista da organização do território.

- Por ser um tipo de zoneamento voltado à análise do uso e da ocupação da terra, utilizado como instrumento dirigido a planejar e programar o uso do território, as atividades produtivas, o ordenamento dos assentamentos humanos e o desenvolvimento da sociedade, em compatibilidade com a vocação natural da terra, o aproveitamento sustentável dos recursos e a proteção e qualidade do meio ambiente. Para atingir essa meta, Mateo Rodriguez (1994) propõe que o ordenamento das áreas homogêneas no zoneamento ambiental seja classificado e interpretado a partir da compatibilidade entre as vocações das "unidades naturais" em suas "interações com a sociedade", dirigido a determinar um modelo constituído por tipos funcionais de uso para cada parte do território – as chamadas áreas geoecológicas da paisagem – com entidades de operacionalização e os instrumentos administrativos, jurídicos, legais e sociais que asseguram sua aplicação.
- Por possibilitar um mapa-síntese – "mapa geoecológico da paisagem" – que caminha na direção dos fundamentos da cartografia de síntese, por meio do qual se pode chegar à proposta maior deste livro: a representação gráfica das unidades de paisagem no zoneamento ambiental. Em total concordância com a definição de Zonneveld (1989), entende-se a unidade de paisagem como uma porção do território ambientalmente homogênea na escala considerada.

Para obter suas unidades espaciais, torna-se necessária a interpretação analítico-integrativa advinda da classificação taxonômica e cartográfica dos complexos físico-geográficos naturais, como também os modificados pela atividade humana, o que é possível pela caracterização dos relacionamentos funcionais e dinâmico-evolutivos das paisagens.

Assim, nas considerações metodológicas de Mateo Rodriguez (1994), o estudo da dinâmica baseia-se na concepção da análise espaçotemporal e de síntese das paisagens, que inclui: a estrutura vertical, o funcionamento e seus estados geoecológicos. A *dinâmica da paisagem* é definida como as trocas que ocorrem no meio de uma mesma estrutura sistêmica, em decorrência do conjunto de processos que se manifestam em seu interior, as quais se caracterizam pela periodicidade e reversibilidade da paisagem, enquanto o *funcionamento da paisagem* depende essencialmente de seu *estado geoecológico*. Ou seja, pelo fato de as trocas dinâmicas se manifestarem por uma direção definida conforme o funcionamento da paisagem e de suas partes morfológicas, essas trocas adquirem propriedades que dependem das fases dinâmicas de um ou outro ciclo ou estágio, manifestando-se em um dado estado geoecológico. Portanto, segundo Rodriguez (1994, p.595):

> os estados geoecológicos atuais e futuros das paisagens, em maior ou menor grau, se determinam, primeiro, pelas transformações ocorridas no passado e, segundo, pelas trocas que levam às transformações qualitativas de um estado geoecológico ao outro, que se manifestam e se acumulam no tempo.

Portanto, o zoneamento ambiental, ora apresentado, fundamenta-se em uma análise integrada dos componentes antrópicos e naturais a partir de uma caracterização socioeconômica e geoecológica, que subsidiará a elaboração de documentação temática e a formulação de textos científicos com vistas ao zoneamento ambiental (ver Figura 27).

Fonte: Elaborada pela autora.

Figura 27 – Etapas das cartografias (analítica e de síntese) para o mapa das unidades de paisagem e para a aplicação do zoneamento ambiental.

A caracterização socioeconômica foi realizada com base no mapa de uso e ocupação do solo. Alguns apontamentos histórico-socioeconômicos e os condicionantes futuros serão detalhados nos tópicos subsequentes. Já a caracterização geoecológica dependerá essencialmente da análise criteriosa da documentação cartográfica, bem como das características físicas da paisagem do município de Ourinhos.

Tendo a representação cartográfica da paisagem e suas unidades o fio condutor de toda investigação, cuja meta final é propor um modelo ambiental de organização do território, do ponto de vista operacional esta pesquisa envolverá as *cinco primeiras fases de trabalho*, das seis, delineadas por Mateo Rodriguez (1994) (ver Figura 28):

- *Organização*: compreende as etapas iniciais do trabalho, ou seja, a definição dos objetivos da pesquisa, a escolha da área e da escala de trabalho, a justificativa de sua execução e adequação das atividades ao cronograma de trabalho.

- *Inventário*: permite entender a organização espacial e funcional de cada sistema. Sua realização é fundamental para a definição, classificação e cartografia das unidades geoambientais, sendo, estas últimas, a base operacional para as demais fases do estudo e obtidas por meio da interação do inventário dos componentes antrópicos (caracterização socioeconômica) e dos componentes naturais (caracterização geoecológica).

- *Análise*: momento de realização do tratamento dos dados obtidos na fase de inventário, pela integração dos componentes naturais e dos componentes socioeconômicos, permitindo a diferenciação das unidades geoambientais. Trata-se da base referencial para identificação dos setores de risco.

- *Diagnóstico*: refere-se à síntese dos resultados dos estudos que possibilita a caracterização do cenário atual, entendida como estado geoambiental, indicando seus principais problemas ambientais.

- *Proposições*: consideram a análise do diagnóstico na efetivação de um prognóstico ambiental e socioeconômico, que se funde em uma análise de tendências futuras do quadro atual, levando a propostas de manejo.

- *Executiva*: momento em que são apresentadas algumas sugestões para melhoria do estado ambiental. Também são abordados os instrumentos legais como critérios para a definição de estratégias e mecanismos de gestão ambiental.

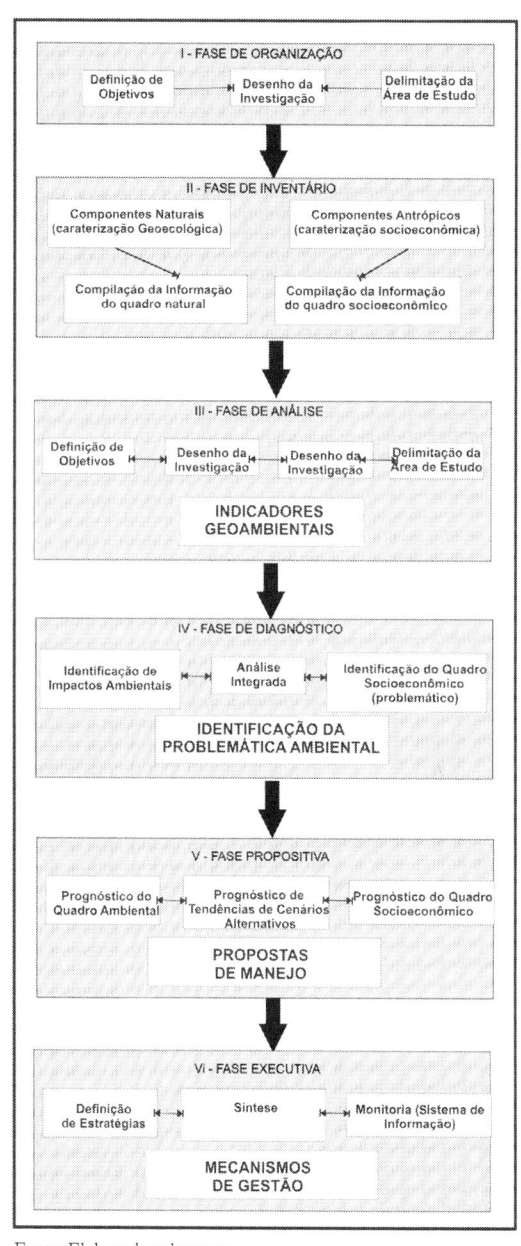

Fonte: Elaborada pela autora.

Figura 28 – Etapas do zoneamento ambiental (Mateo Rodriguez, 1994).

Procedimentos técnico-metodológicos

Tendo em vista os objetivos e as principais etapas de trabalho elencadas no fluxograma de trabalho (Figura 28), considera-se pertinente a descrição, para fins de orientação, dos principais procedimentos e critérios técnico-metodológicos utilizados, por intermédio dos quais se elucidará o encaminhamento do zoneamento ambiental aqui proposto.

Organização do modelo e da estrutura do zoneamento ambiental

Essa primeira etapa consistiu no levantamento e na análise da documentação bibliográfica e cartográfica (mapeamentos temáticos, cartas topográficas, imagens de satélite, imagens de radar e fotografias aéreas) do município alvo do estudo.

A análise bibliográfica pertinente à discussão geral da temática está alicerçada em livros específicos de cada tema, teses, dissertações e periódicos (nacionais e internacionais), que fundamentam toda a abordagem técnica, teórica e metodológica da presente pesquisa.

Assim, dentre as discussões apresentadas, especificamente no capítulo 1, sobre as áreas de influências durante a execução de um zoneamento ambiental e as diferentes ordens de grandezas escalares para trabalhos voltados ao planejamento ambiental, admitiram-se:

- a proposta de Santos (2004, p.43) que indica o *limite territorial municipal* como a área de influência mais adequada para zoneamentos ambientais que forneçam subsídios aos planos diretores;
- a indicação de Cendrero (1989, p.22), o qual propõe a *escala 1:50.000 (meso)* como adequada para a elaboração dos mapeamentos temáticos, por oferecer o nível de detalhe eficiente para estudos dessa natureza – o zoneamento ambiental –, que, segundo Cendrero (1989) trata-se de uma etapa intermediá-

ria para o quadro propositivo e a gestão ambiental do plano diretor municipal.

Inventário do meio físico: caracterização geoecológica

O inventário do meio físico consiste na segunda etapa do zoneamento ambiental. Trata-se da caracterização geoecológica e socioeconômica, por meio da elaboração de mapeamentos temáticos, para a determinação das unidades geoecológicas que servirão de base operacional para todo o processo metodológico do zoneamento ambiental.

Cartas temáticas

Base cartográfica digital e leitura da área de estudo

A base cartográfica digital do município foi elaborada por meio da vetorização manual no programa Autodesk-MAP (AutoCAD MAP). Para esse procedimento, utilizou-se como referência as cartas topográficas do Instituto Brasileiro de Geografia e Estatística (IBGE), folhas *Ourinhos* e *Jacarezinho*, ambas com data de edição de 1971, escala 1:50.000 e equidistâncias entre as curvas de nível correspondente a 20 metros.

A área de estudo (ver Figura 29), o município de Ourinhos, que integra a porção sudoeste do Estado de São Paulo dispõe de limite territorial equivalente a 282 km², dos quais 40 km² correspondem às áreas urbanas e 242 km² às rurais. Sua posição geográfica situa-se entre as coordenadas 22°55' a 22°58'S e 49°52 a 49°55'W, a 483 m de altitude, apresentando limite territorial, ao Norte, com o município de São Pedro do Turvo; ao Sul, com o município de Jacarezinho (PR); a Leste, com Chavantes e Canitar; a Oeste, com Salto Grande; a Nordeste, Santa Cruz do Rio Pardo; a Noroeste, Salto Grande; a Sudeste, Chavantes; e a Sudoeste, Cambará e Jacarezinho, ambas no Paraná.

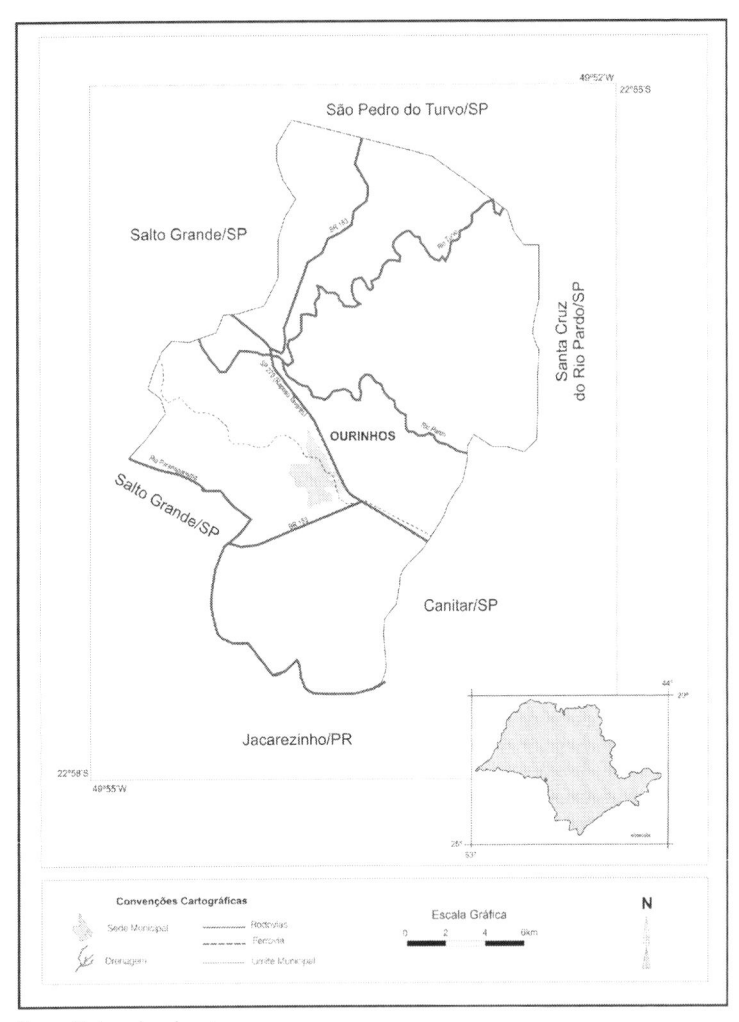

Fonte: Elaborada pela autora.

Figura 29 – Localização da área do estudo de caso.

Carta de drenagem

Uma bacia hidrográfica circunscreve um território drenado por um rio principal, seus afluentes e subafluentes permanentes ou intermitentes. Dessa forma, seu conceito está associado à noção de sistema, nascentes, divisores de águas, cursos de águas hierarquizados e foz.

Toda ocorrência de eventos em uma bacia hidrográfica, de origem antrópica ou natural, interfere na dinâmica desse sistema, na quantidade dos cursos de água e em sua qualidade. Essa é uma das peculiaridades que, muitas vezes, induz os planejadores a escolher a bacia hidrográfica como uma unidade de gestão.

No zoneamento ambiental, a estratégia é analisar as propriedades, a distribuição e a circulação da água para interpretar potencialidades e restrições de uso. O método usual é mapear, inicialmente a hidrografia, com todas as drenagens que compõem a rede hídrica, uma vez que, em plena concordância com Santos (2004, p.86):

> a rede de drenagem pode ser caracterizada a partir de diferentes parâmetros descritores: afluentes principais, área ocupada, tipo de drenagem, hierarquia fluvial, orientação dos elementos em relação ao relevo, sinuosidade dos cursos, temporalidade dos canais, etc. A análise do conjunto de descritores auxilia outros estudos, como os morfométricos, e fornece indicações sobre outros assuntos, como disponibilidade de água, presença de pântanos ou cavernas.

Assim, tendo a base cartográfica em meio digital, organizou-se a *carta de drenagem* (Anexo 1) do município de Ourinhos, visando à análise espacial da disposição e densidade da rede de drenagem na área pesquisa e, posteriormente, à análise de dimensão interfluvial durante os estudos morfométricos.

Os principais rios que drenam o município de Ourinhos encontram-se na 17ª Unidade de Gerenciamento de Recursos Hídricos do Estado de São Paulo, denominado Médio Paranapanema (UGRHI-MP), portanto seu gerenciamento é da responsabilidade do Comitê da Bacia Hidrográfica do Médio Paranapanema (CBH-MP).

Definida pela Lei nº 9.034/94, a UGRHI-MP localiza-se na porção centro-oeste do Estado de São Paulo, apresentando uma área total de 16.736 km^2, subdividida em cinco grandes bacias hidrográficas – Pardo, Turvo, Novo, Pari e Capivara –, além dos tributários até 3ª ordem provenientes do Rio Paranapanema.

Tabela 1 – Área das principais unidades hidrográficas do Médio Paranapanema

Unidade hidrográfica	Área (km²)	%
Pardo	4.668,26	27,8
Turvo	4.236,18	25,3
Novo	1.098,85	6,6
Pari	1.029,07	6,1
Capivara	3.486,00	20,8
Tributários até 3ª ordem – Paranapanema	2.244,64	13,4
UGRH – MP 17	**16.763,00**	**100,0**

Fonte: Relatório Zero (1999, p.8).

Dessa área total, pode-se dizer que o município de Ourinhos possui um forte potencial hídrico, proporcionado pelos principais rios: Pardo e Turvo (mais seus afluentes), além dos tributários de até 3ª ordem do Rio Paranapanema, conforme observado no mapa de drenagem (Anexo 1).

Carta hipsométrica

No zoneamento ambiental, a carta hipsométrica destaca os níveis altimétricos de um espaço territorial. Assim, é elaborada para mostrar com clareza a espacialização dos diferentes níveis topográficos representados pelos valores altimétricos das curvas de nível. Sua geração possibilita uma análise a partir da correlação com outros documentos, como o da identificação de áreas aplainadas, topos, o de maior ou menor movimentação topográfica e de padrão de drenagem, segundo estruturação do relevo.

Especificamente, nesta proposta, sua elaboração foi realizada a partir das informações, anteriormente levantadas, na base digital cartográfica, onde, por meio da importação para o *software* Surfer V.8, foi possível gerar os intervalos das classes hipsométricas (Anexo 2).

Carta geológica

A maior parte do zoneamento ambiental apresenta dados referentes à geologia, quase sempre espacializados em mapas cujo objetivo é fornecer informações litológicas e estruturais do substrato rochoso da área planejada, além de subsidiar os estudos relativos à ocorrência de minerais de importância econômica, tanto de rochas quanto de depósitos inconsolidados. De certa forma, os estudos geológicos apresentam informações mais remotas sobre a formação, a evolução e a estabilidade terrestre, e auxiliam muito na construção dos cenários passados e atuais.

Porém, como as mudanças geológicas ocorrem em grande escala temporal, seus dados são mais estáveis. Concomitantemente ao fato de seus processos dinâmicos apresentarem-se mais contínuos no tempo e no espaço, alguns planejadores adotam a geologia como uma das referências para a classificação da paisagem em unidade espacial.

Atendendo a tal perspectiva, a *carta geológica* (Anexo 3) foi obtida com base nas informações contidas no relatório técnico (mapa geológico e escala 1:50.000) desenvolvido em 2001 pelo Instituto de Pesquisas e Tecnologia (IPT), durante o Programa de Apoio Tecnológico aos Municípios (Patem).

Por meio da carta geológica, observam-se dois períodos distintos na litologia do município:

- *Cenozoico*: em que ocorreram depósitos recentes, representados pelos sedimentos aluvionares (Qa).
- *Mesozoico*: com destaque ao Grupo São Bento, onde ocorrem, praticamente em todo o município, a Formação Serra Geral (Jksg) e, em menores escalas, as formações Botucatu (Jkb) e Piramboia (TRJp).

De acordo com o Instituto de Pesquisas e Tecnologia (2001, p.34), encontram-se nesses substratos geológicos:

- *Sedimentos aluvionares* (Qa): aluviões em geral, incluindo areias inconsolidadas de granulação variável, argilas e cascalheiras fluviais subordinadamente, em depósitos de calha e/ou terraços.
- *Serra Geral* (Jksg): rochas vulcânicas toleíticas em derrames basálticos de coloração cinza a negra, textura afanítica, com intercalações de arenitos intertrapeanos, finos a médios, de estratificação cruzada tangencial e esparsos níveis vitrofíricos não individualizados.
- *Formação Botucatu* (Jkb): arenitos aólicos avermelhados de granulação fina a média com estratificações cruzadas de médio a

grande portes, depósitos fluviais restritos de natureza aeroconglomerática e camadas localizadas de siltitos e argilitos lacustres.

• *Formação Piramboia* (TRJp): depósitos fluviais e de planícies
de inundação, incluindo arenitos finos a médios, avermelhados,
síltico-argilosos, de estratificação cruzada ou plano-paralela;
níveis de folhelhos e arenitos argilosos de cores variadas e raras
intercalações de natureza aeroconglomerática.

Carta geomorfológica

Para estudos integrados da paisagem, os dados de geomorfologia
são considerados fundamentais. O estudo da configuração atual do
relevo permite deduzir a tipologia e intensidade dos processos erosivos e deposicionais, a distribuição, textura e composição dos solos,
bem como a capacidade potencial de uso.

Associados a outros elementos do meio, os dados de geomorfologia podem também auxiliar na interpretação de fenômenos como
inundação e variações climáticas locais, informações vitais para
avaliar movimentos de massa e instabilidades dos terrenos.

Sobre a importância do conhecimento geomorfológico como elemento que define a unidade espacial de trabalho, Cunha & Mendes
(2005, p.112) destacam que:

> a Geomorfologia é uma área do conhecimento que possibilita, atra-
> vés de seu instrumental técnico e teórico, informações de relevante
> interesse para o Planejamento e Ordenação do Território. Assim para
> que isto ocorra, é necessário avaliar o relevo como elemento de suporte
> da atuação antrópica e, principalmente, compreender as relações de
> reciprocidade existentes entre tal atuação e os processos geomórficos.

Dessa forma, a carta geomofológica do município de Ourinhos
(Anexo 4) foi elaborada tendo como apoio as concepções de Mateo
Rodriguez (1990, 1994, 1995), Leal (1995) e Cunha & Mendes
(2005) sobre a importância da geomorfologia para o estudo e análise integrada dos elementos físicos da paisagem, contemplando as
informações contidas no mapa geomorfológico, escala 1:50.000,
do relatório técnico desenvolvido IPT em 2001, durante o Patem,
conforme já observado no tópico supracitado.

De acordo com a carta geomorfológica, podem-se observar apenas duas unidades geomorfológicas: os interflúvios amplos e extensos (212) e os interflúvios médios a alongados (234).

Os *interflúvios amplos e extensos* estendem-se por praticamente todo o município de Ourinhos, predominando, assim, interflúvios com área superior a 4 km^2, topos extensos e aplainados, vertentes com perfis retilíneos a convexos, vales abertos, planícies aluviais e presença eventual de lagoas perenes ou intermitentes.

Já os *interflúvios médios a alongados*, sem grandes expressividades, concentram-se na porção norte e nordeste do município, onde ocorrem, respectivamente, os limites com os municípios de Santa Cruz do Rio Pardo e São Pedro do Turvo, ambos localizados no Estado de São Paulo.

Todavia, de acordo com Ross (1990), em um zoneamento ambiental os mapas geomorfológicos representam, num primeiro momento, as formas de relevo (compartimentos morfoestruturais) que definem as unidades mapeadas. Num segundo momento, para cada uma das unidades, costuma-se descrever os padrões de formas e vertentes (modelados do relevo), além dos tipos de modelados (dissecação ou acumulação). São esses complementos, de avaliação geomorfológica, que permitem ao planejador identificar, no município, áreas com fragilidades e potencialidades naturais.

Carta pedológica

Uma vez que o solo é o suporte dos ecossistemas e das atividades humanas sobre a terra, seu estudo é imprescindível para o zoneamento. Quando se analisa o solo, podem-se deduzir sua potencialidade (fertilidade) e fragilidade (erosão e assoreamento) como elemento natural ou como concentrador de impactos pela ação antrópica.

Pensando no limite municipal, em *área rural*, por exemplo, os fenômenos da erosão e assoreamento estão muito ligados à agricultura, reconhecida por alterar substancialmente o meio, gerando impactos severos e rompendo o equilíbrio natural. Sem dúvida, nesses casos, as ações da agricultura devem pressupor os limites do solo e destinar seu uso ou sua ocupação com base em suas possibilidades de aproveitamento racional. Em *área urbana*, a mesma lógica pode ser usada quando se pensa, por exemplo, na implementação de obras civis, nas quais a característica do material de superfície pode definir a aptidão (ou restrição) para diferentes usos, como estradas, sistemas de tratamento, construção de canais, sistemas de drenagem etc.

É por essas e outras razões que os solos, no zoneamento ambiental, são tipificados com base em suas potencialidades e fragilidades, de forma a prognosticá-los ante os usos pelas atividades humanas em oposição às intempéries naturais.

Nesse contexto, organizou-se para o município de Ourinhos a carta pedológica (Anexo 5), respeitando-se os dois elementos importantes, circunstanciados durante a aplicação da metodologia de zoneamento ambiental de Mateo Rodriguez (1994):

- por representar um material de suma importância a partir de sua correlação com outras informações, como a análise de perda de solos por processos erosivos;
- por compreender, posteriormente, a relação entre a capacidade do uso potencial e a função socioeconômica, que é analisada sob quatro categorias: compatível, incompatível, adequada e inadequada.

Os dados pedológicos foram compilados das cartas do mapa pedológico do Estado de São Paulo, escalas 1:500.000, produzidas em 1999 pelo Instituto Agronômico de Campinas (IAC) e pela Empresa Brasileira de Pesquisas Pecuárias (Embrapa).

Observando os três níveis de leitura (bidimensional, em perspectiva 3D, icnográfica com associação da coleção de mapas) da carta pedológica de Ourinhos, verifica-se que, ao longo de sua extensão municipal, encontram-se apenas dois grupos de solos: latossolos vermelhos (LV) e nitossolos vermelhos (NV).

Os *latossolos vermelhos* (LV1 e LV45 – ver Figura 30) são resultados da associação de latossolos roxos (de textura muito siltosa a argilosa) + latossolos vermelho-escuros (de textura de argilosa a média). Por ocorrerem no planalto ocidental e na depressão periférica, estão associados, especificamente, a rochas basálticas e aos relevos de colinas amplas (Relatório Zero, 1999, p.39-40).

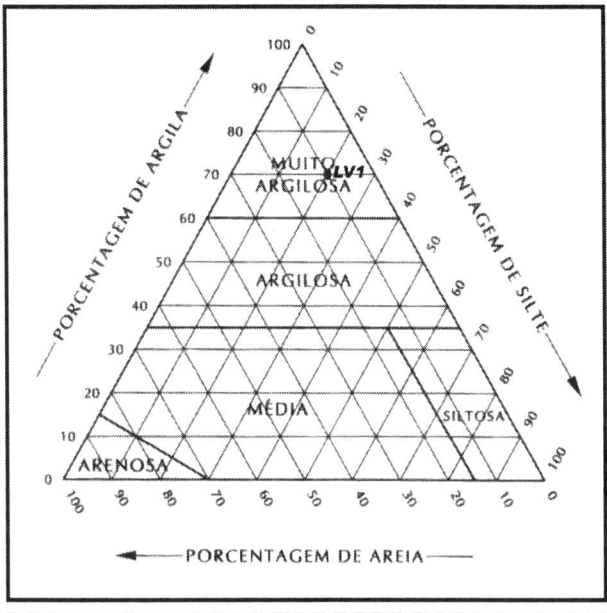

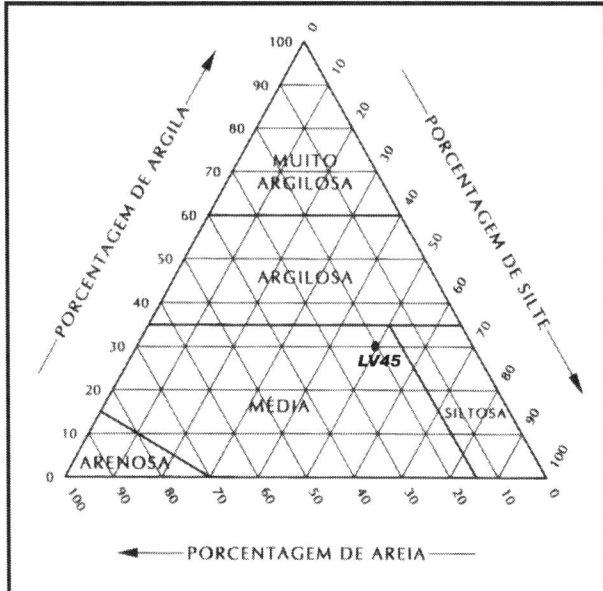

Fonte: Elaborada pela autora.

Figura 30 – Diagrama triangular dos latossolos (LV1 e LV45).

Já os *nitossolos vermelhos* (NV1 – ver Figura 31), as chamadas terras roxas estruturadas, são relativamente profundos, bem drenados, de textura muito argilosa, apresentando gradiente textural muito baixo, o que dificulta a distinção entre os horizontes A e B. Sua ocorrência no município estudado é bastante restrita, associada a rochas basálticas e a encostas relativamente declivosas (Relatório Zero, 1999, p.41).

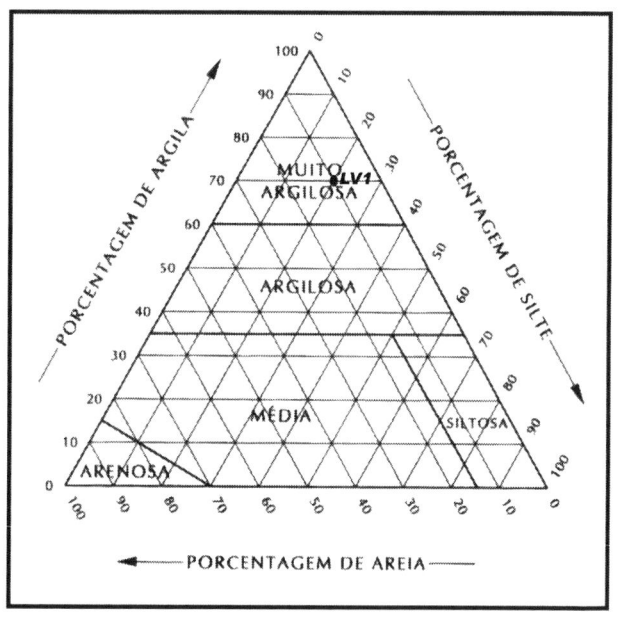

Fonte: Elaborada pela autora.

Figura 31 – Diagrama triangular do nitossolo (NV1).

Cartas morfométricas

As cartas morfométricas são representações cartográficas da paisagem que têm como objetivo principal quantificar os atributos das formas de relevo, passíveis de ser analisados por meio de sua geometria. Desse modo, aplicadas ao zoneamento ambiental essas cartas auxiliam "[...] na organização da leitura inicial do relevo, tido como elemento de suporte da ação antrópica" (Cunha & Mendes, 2005, p.114).

Existem diversas metodologias que contemplam sua aplicação. Contudo, considerando o objetivo de analisar integradamente os diversos atributos da paisagem, para sua caracterização geoecológica, os autores Mendes (1993), Mateo Rodriguez (1994, 1995), Leal (1995), Henrique (2000), Cunha (2001), Moura e Silva (2002), Oliveira (2003), Cunha et al. (2003) e Cunha; Mendes (2005) destacam a necessidade de técnicas que permitam detalhar esse atributo de relevo. Nesse caso, a morfometria é analisada com base na elaboração das cartas: clinográfica, dissecação horizontal e dissecação vertical.

Carta clinográfica

Também conhecida como carta de declividade, trata-se de um mapeamento coroplético, cujo princípio básico consiste na análise das equidistâncias entre as curvas de nível e de seu distanciamento horizontal. Esse distanciamento pode ser quantificado em grau ou em porcentagem, por uma escala de mensuração que, nesse caso, é representada por uma intensidade gradativa de cores correspondentes às classes morfométricas.

De acordo com Cunha & Mendes (2005, p.114):

> este documento cartográfico é imprescindível para o planejamento territorial, tanto pelo fato de tal parâmetro já ser utilizado pela legislação a fim de estabelecer limites ao uso da terra, como pelo fato de, geomorfologicamente, indicar a suscetibilidade dos terrenos ao desenvolvimento de processos geomorfológicos.

A *carta clinográfica* (Anexo 6 do município foi elaborada segundo a proposta de De Biasi (1970), que propõe o uso de *ábaco graduado*, deslocado perpendicularmente, entre as curvas de nível de valores diferenciados para a graduação dos declives da área entre tais curvas. Sanchez (1993) propõe a construção de um segundo ábaco, chamado de *suplementar*, para ser utilizado em situações específicas, como espaço entre curvas de níveis e o curso fluvial-fundo de vale, em topos de interflúvios e em locais em que o traçado da curva de nível não permite compará-la com outra curva de valor diferenciado.

Pela análise da carta da declividade do município de Ourinhos (Anexo 6), constata-se que os topos dos interflúvios caracterizam-se pela fraca declividade, situando-se entre <2% até 5%. As declividades mais acentuadas, que vão de 20% a 30%, estão associadas aos fundos de vale em baixas vertentes, enquanto aquelas que vão de 5% a 20% são encontradas nas médias vertentes do município.

Carta de dissecação horizontal

Dada a possibilidade de identificar a distância que separa os talvegues (fundo de vale da drenagem) das linhas de cumeada (limite das bacias), por meio desse documento cartográfico é possível avaliar o trabalho de dissecação elaborado pelos rios sobre a superfície de interesse.

Dessa maneira, no zoneamento ambiental, a carta de dissecação horizontal auxilia na avaliação da fragilidade do terreno quanto aos processos morfogenéticos, indicando setores com maior ou menor probabilidade, e os interflúvios mais estreitos denotam maior suscetibilidade à atuação destes.

A carta de dissecação horizontal seguiu a proposta de Spiridonov (1981), a qual consiste em quantificar a distância horizontal entre os talvegues e as linhas de cumeada, por meio do uso de um ábaco (em papel poliéster) graduado.[3]

Para a leitura da dinâmica dessa carta morfométrica em um município, o planejador deverá entender que a maior dissecação horizontal ocorre quando houver uma menor distância entre a linha de cumeada e talvegue, ou como indicam Cunha & Mendes (2005, p.114):

as menores distâncias entre a linha de cumeada e o talvegue indicam setores mais suscetíveis à atuação da dinâmica fluvial, a qual pode

---

3 Maiores informações sobre as etapas desse procedimento metodológico podem ser encontradas em Zacharias (2006).

tanto romper tais terrenos como alterá-los morfologicamente, visto que a frequência de canais de drenagem e, portanto, da ação erosiva e deposicional destes é potencializada nesta situação.

No caso específico de Ourinhos, a carta de dissecação horizontal (Anexo 7) mostra que o município posiciona-se em áreas de amplos interflúvios, com predomínio de extensões que variam de 400 a 800 metros ou superiores. Essa característica indica que, por não apresentar uma forte atuação da dinâmica fluvial e, consequentemente, um lento escoamento superficial, a região pode ficar vulnerável a terrenos alagadiços em épocas de intensos índices pluviométricos, ou seja, forte intemperismo químico.

Carta de dissecação vertical

Ainda em termos de morfometria do relevo, para avaliar as fragilidades dos terrenos aos processos gravitacionais, emprega-se a carta de dissecação vertical que objetiva quantificar, em cada setor de cada microbacia, a altitude relativa entre a linha de cumeada e o talvegue, "[...] a partir das rupturas de declive registradas ao longo dos rios, representadas pelos pontos onde as curvas de nível interceptam o curso fluvial e, portanto registram os desníveis topográficos ao longo da drenagem" (Cunha & Mendes, 2005, p.114).

Para Cunha (2001, p.50), o objetivo maior das cartas de dissecação vertical é:" [...] a possibilidade de analisar o grau de entalhamento realizado pelos cursos fluviais e, principalmente, identificar e comparar os diferentes estágios desse entalhamento no interior da área estudada".

No zoneamento ambiental, esse tipo de comparação auxilia o planejador a promover uma melhor avaliação quanto à velocidade do fluxo do escoamento superficial, tendo como princípio que setores com maior desnível altimétrico indicam que o escoamento será mais rápido, pois o nível de base, representado pelo talvegue mais próximo, por encontrar-se em um patamar altimétrico mais baixo exercerá uma acentuada força de atração, comandada pela gravidade.

Da mesma forma como a anterior, a carta de dissecação vertical baseou-se na proposta de Spiridonov (1988), em que, com relação ao grau de entalhamento observado pela carta de dissecação vertical (Anexo 8), o município destaca-se pelo predomínio de setores com altitudes relativa, que vão de 20 m a 80 m, e em alguns setores localizados apresentam altitudes relativas superior a 100 m.

Carta de energia do relevo

Trata-se de metodologia originalmente proposta por Mendes (1993), a qual sugere a elaboração de uma cartografia de síntese, a energia do relevo, como justaposição das informações quantitativas contidas nas três cartas morfométricas anteriormente apresentadas.

No zoneamento ambiental, a carta de energia do relevo (Anexo 9) tem o objetivo de subsidiar o planejador para uma avaliação da distribuição espacial da declividade, dissecação horizontal e dissecação vertical, procurando identificar como esses parâmetros interagem e seu significado em termos de fragilidade ao desenvolvimento dos processos geomorfológicos. Explicam Cunha & Mendes (2005, p. 115) que: "[...] a partir desta análise, qualifica-se a energia do relevo que se define pela integração das classes de cada carta morfométrica".

Inventário da dinâmica social (componentes antrópicos): caracterização socioeconômica

Com o intuito de elucidar o panorama atual da dinâmica de uso e ocupação do solo, bem como sua inserção na atividade econômica local e regional, esta etapa tem como objetivo elaborar o *inventário socioeconômico*, por meio da elaboração do mapa de uso e ocupação do solo, alguns apontamentos histórico-socioeconômicos e os condicionantes futuros, pois, juntos, permitem entender o espaço materializado pela dinâmica socioeconômica que produz e reproduz o espaço geográfico. Ou seja, entender como os diferentes usos vão se configurando na paisagem atual do território, ao longo de séries temporoespaciais, a partir dos interesses históricos, políticos e econômicos das sociedades.

Mapa de uso e ocupação do solo

Atualmente, a crescente degradação do solo causada por ocupações irregulares, crescimento das cidades e impermeabilização dos solos, aumento da população, práticas agrícolas inadequadas, inundações e processos erosivos provocados pelo assoreamento e entupimento das calhas dos rios, entre outros problemas ambientais, cada vez mais vem favorecendo estudos que viabilizam o levantamento da dinâmica atual do uso e da ocupação do solo no limite físico-territorial municipal.

Assim, pode-se dizer que o mapa de uso e ocupação do solo é um tema básico no planejamento ambiental. Primeiro, porque retrata as atividades humanas e os espaços materializados que podem significar pressão e impacto sobre os elementos naturais. Segundo, por ser um elo importante entre as informações do meio físico e socioeconômico. Terceiro, por possibilitar a espacialização atual das diferentes paisagens do cenário enfocado. E, quarto, porque, na atualidade, a maioria dos zoneamentos ambientais municipais é estabelecida considerando as diretrizes vigentes, quanto à forma compatível, para o uso e a ocupação do solo urbano e rural.

Nesse sentido, concordando com Santos (2004, p.97), a grande vantagem desse tipo de mapeamento no zoneamento é a variedade de informações, as contradições entre a sociedade e natureza, em um único tema, uma vez que: "[...] em geral, as formas de uso e ocupação são identificadas (pelos tipos de usos), espacializadas (através dos mapas de uso), caracterizadas (pela intensidade de uso e indícios de manejos) e quantificadas (pelo percentual da área ocupada pelo tipo)".

Diante dessa importância, a *carta de uso e ocupação do solo* do município de Ourinhos (Anexo 10) foi constituída a partir da:

- fotointerpretação de fotografias aéreas,[4] nas escalas 1:20.000, produzidas em 2005 pela Base Aerofotogramétrica do Brasil S/A;
- aferição em campo para conferência dos diferentes usos detectados nas fotos, tanto em área urbana quanto na rural;[5]
- compilação de algumas informações, relativas à zona rural, do mapa de plantio rural elaborado pela Coordenadoria de Assistência Técnica Integral (Cati) em maio de 2006, na escala 1:50.000.

Deve-se enfatizar que, para mobilizar uma representação gráfica (mapa) esclarecedora e crítica, a carta de uso e ocupação do solo deve representar, além dos tradicionais usos rurais (atividades agrícolas, pastagens, matas ciliares, reflorestamento, rodovias, estradas pavimentadas e não pavimentadas, entre outros), o uso urbano, pois, desse modo, pode revelar as contradições entre a sociedade e natureza, com o propósito maior de exercer a função social do mapa, diferentemente do que se vê na grande maioria dos trabalhos sobre zoneamento ambiental. É importante salientar que o uso urbano tem se configurado como um dos processos mais impactantes do sistema ambiental, pelo fato de ser o resultado das relações sociais de produção do espaço.

Dessa forma, com base nas diferentes relações sociais de produção do espaço (urbano e rural) apontadas pela carta de uso e ocupação do solo de Ourinhos, percebe-se, de um lado, o *uso urbano* caracterizado pelo aglomerado da cidade e pelo processo de urbanização, e, de outro, o *uso rural* caracterizado pelas diferentes atividades agrícolas que vão se modificando de acordo com os interesses da sociedade.

---

4 A fotointerpretação foi realizada diretamente em tela, com o *software* AutoCAD MAP-2005. Assim, procedeu-se primeiramente à montagem do mosaico e à compatibilização de escalas, e, em seguida, à fotointerpretação dos diferentes usos.

5 Um dos grandes desafios, na atualidade, da cartografia temática conforme Martinelli (1994, 2002, 2005) e Girardi (2000).

No *uso urbano* (Anexo 10), concentram-se cinco diferentes categorias:

- *Uso residencial*: áreas destinadas ao aglomerado urbano caracterizado pelos diferentes bairros da cidade.
- *Uso comercial*: área que se destaca pela forte concentração do setor terciário e de serviços.
- *Uso institucional*: áreas destinadas às diversas instituições de pesquisa, secretarias, universidades públicas e privadas, entre outros.
- *Uso industrial*: locais reservados para os setores secundários, representados pelos dois distritos industriais (Distrito Hélio Silva e Distrito Industrial II).
- *Áreas verdes urbanas*: locais onde ocorre a distribuição das áreas verdes urbanas (influem diretamente sobre suas funções econômica, estética, social e ecológica).

Do ponto de vista socioespacial, a malha urbana da cidade de Ourinhos, como de praticamente todas cidades do Estado de São Paulo que se beneficiaram com a fase econômica do café, desenvolveu-se a partir da Estrada de Ferro Sorocabana), mais tarde designada Ferrovia Paulista S/A (Fepasa), fazendo a ligação, o transporte e o escoamento da matéria-prima no setor São Paulo-Paraná (fotos 1, 2 e 3).

A partir do traçado ferroviário central, onde se localizam a antiga estação ferroviária (Foto 4) e o atual ponto de conexão entre a América Latina Logística (ALL) e a Ferrovia Bandeirantes S/A (Ferroban) (fotos 5 e 6), sua malha é homogênea, contínua, quase sem áreas vazias em seu interior. Entretanto, por causa da grande planície que caracteriza a região, as edificações que ficam um pouco deslocadas do centro – faculdades, distritos industriais etc. – dão a sensação visual de ocupação rarefeita.

Pela análise da evolução urbana, pode-se dizer que, até os anos 60, a ocupação caracterizava-se por uma linearidade norte-sul, com exceção do aeroporto, localizado isoladamente a oeste. É típico dessa ocupação o traçado ortogonal do tipo tabuleiro de xadrez, com quarteirões de formato quadrado.

Na evolução, até os anos 80, essa tendência praticamente se mantém, com o surgimento de novos bairros ao redor da malha inicial. Destaca-se nesse período, também, o surgimento do distrito industrial a oeste, junto ao aeroporto. O novo formato das quadras é retangular alongado.

Com a virada do século, percebe-se o preenchimento do vazio localizado entre a região central e o aeroporto. Verifica-se, ainda, a constituição de novo distrito industrial, no extremo leste da área ocupada. Com isso, inverte-se o sentido de ocupação que passa a alongar-se na direção leste-oeste (fotos 7 a 12).

Uma das fortes potencialidades da área urbana é a presença de uma "paisagem natural" bastante expressiva, delineada pela presença do Parque Municipal Ecológico "Bióloga Tânia Mara Netto Silva",[6] com aproximadamente 10,96 hectares (cerca de 110 mil m^2), o qual conserva o potencial paisagístico, dentro do espaço urbano, de um trecho de mata atlântica (fotos 13 a 18).

A importância de um parque urbano, uma área verde protegida, é vital para a construção de uma cidade saudável, pois minimiza o impacto causado pela urbanização, por proporcionar uma diminui-ção da temperatura, melhoria da qualidade do ar, da água e do solo. Além disso, abrange a função social por favorecer o convívio humano e as possibilidades de lazer; a educativa, ao constituir um ambiente favorável ao desenvolvimento de atividades escolares e de programas de educação ambiental; e ainda a estética ao proporcionar mudanças na paisagem urbana (Fotos 19 a 24).

A área de uso rural apresenta algumas diversidades. Na paisagem atual, é comum encontrar:

- *Pecuária*: observada pela utilização da pastagem.
- *Agricultura familiar de subsistência e monocultura*: com extensos latifúndios, tendo como produtos agrícolas, em ordem decres-

---

6 Implementado em 5 de outubro de 2002, registra a história que essa obra recebeu o nome da esposa do prefeito Claudemir Alves da Silva, porque como bióloga lutou muito para que essa unidade natural se transformasse em uma área protegida.

cente, a cana-de-açúcar e a soja (ora alternada com o milho), seguidas, em menor escala, por café e mandioca (que também são alternados com o trigo e feijão), o que depende dos períodos sazonais (ver tabelas 2 e 3).

- *Áreas com reflorestamento, alguns trechos de matas nativas e poucas manchas de matas ciliares*: apesar de Ourinhos ser banhado pelo rio Paranapanema – elemento marcante na paisagem – e pelos rios Pardo e Turvo, por causa do forte avanço do café (pelo colono italiano) na década de 1940, a inserção da monocultura canavieira e a produção do álcool, a partir da década de 1970, pela "família Quagliato", detentoras de vastas terras e da Usina de Beneficiamento de Cana-de-Açúcar São Luís, explicam a escassa ocupação de áreas verdes, na zona rural do município.[7]

Tabela 2 – Produção agrícola municipal por mesorregiões e microrregiões

PAM – Produção Agrícola Municipal
Área destinada a colheita, área colhida, quantidade produzida, rendimento médio e valor da produção dos principais produtos das lavouras permanentes, segundo as mesorregiões, microrregiões e os municípios

Mesorregiões, microrregiões e os municípios	Área destinada a colheita (há)	Área colhida (há)	Quantidade Produzida (t)	Rendimento Médio (kg/há)	Valor (1.000 R$)
Ourinhos	110	110	3.480	31.636	1.324
Assis	110	110	3.480	31.636	1.324
Marília	16	16	171	10.687	29
Tupã	200	200	4.000	20.000	1.058
Echaporã	15	15	162	10.800	24

Fonte: Fundação Seade (2006)

---

7 Pode-se dizer que Ourinhos apresenta, em seu registro histórico, três fases agrícolas importantes: 1. *fase do café* (1914-1945), com a derrubada das matas ao longo do rio Paranapanema pelo colono italiano; 2. *fase da cana-de-açúcar*, que se inicia em 1960 (até os dias atuais), ganhando grandes impulsos a partir de 1970 e, principalmente, após a política estadual do Pró-álcool no estado de São Paulo, até os dias atuais; e 3. *fase da soja* (de 2001 até os dias atuais), ainda em fase de expansão, impulsionada pela economia do estado do Paraná.

Tabela 3 – Produção agrícola do município de Ourinhos – 2004

PAM – Produção Agrícola Municipal
Área destinada a colheita, área colhida, quantidade produzida, rendimento médio e valor da produção dos principais produtos das lavouras permanentes, segundo as mesorregiões, microrregiões e os municípios

Grandes regiões, unidades da federação e os municípios	Área plantada (há)	Área colhida (ha)	Quantidade produzida (t)	Rendimento médio (kg/ha)	Valor (1.000 R$)
Ourinhos	**18.357**	**18.357**			**36.700**
Lavouras Temporárias	18.245	18.245			36.503
Lavouras Permanentes	112	112			197
CANA-DE-AÇÚCAR	11.000	11.000	851.000	77.364	25.956
SOJA (EM GRÃO)	3.500	3.500	7.875	2.250	5.576
MILHO (EM GRÃO)	2.905	2.905	11.500	3.959	3.661
TRIGO (EM GRÃO)	460	460	1.104	2.400	459
FEIJÃO (EM GRÃO)	350	350	565	1.614	611
CAFÉ (EM COCO)	100	100	58	580	169
MANDIOCA	30	30	1.200	40.000	240
LIMÃO	6	6	33	5.500	9
MARACUJÁ	4	4	9	2.250	6
TANGERINA	2	2	39	19.500	13

Fonte: Fundação Seade (2006)

Apontamentos histórico-socioeconômicos e condicionantes futuros

Ourinhos, com todas as características dos municípios da zona pioneira e da fase econômica, surgiu com o avanço de café para as novas terras de florestas derrubadas, na região às margens do rio Paranapanema, pouco conhecida nos primeiros anos do século XX.

Com a presença de um novo elemento – o colono italiano –, conseguiu-se uma rápida ocupação da terra, com a predominância da monocultura (café e algodão), integrando-se à vida econômica da monocultura e do estado.

Conta sua história que Jacintho Ferreira de Sá, vindo de Santa Cruz do Rio Pardo, adquiriu de Dona Escolástica Melcheret da

Fonseca uma vasta gleba de terras, quase a totalidade do atual município, tendo loteado a parte central da cidade e doado terreno para a construção de um grupo escolar e de uma igreja.

Em seguida, em 1906, deu-se o início do povoado com reduzido número de casas. Em 1908, criou-se o Posto da Estrada de Ferro que, quatro anos mais tarde, foi transformado na Estação Férrea de Ourinhos.

Dessa época em diante, ocorreu um desenvolvimento condicionado à exuberância de suas terras e a sua excelente posição geográfica.

De pequeno povoado, torna-se Distrito da Paz subordinado a Salto Grande de Paranapanema, em 1915. Três anos depois, é elevado à categoria de município, em 13 de dezembro de 1918, cuja instalação se deu em 20 de março de 1919. Nesse mesmo ano, o governo do Estado de São Paulo resolvera dar continuidade à Estrada de Ferro Sorocabana que tinha sido interrompida em 1909, estendendo os trilhos até Assis. Com isso, Ourinhos passou a ser uma localidade estratégica do ponto de vista econômico, por sua ligação com o norte do Paraná e por estar localizada na região da Média Sorocabana, próxima a Assis e Avaré, cidades importantes do Vale do Paranapanema.

Em seguida, torna-se Paróquia, sob a invocação do Senhor Bom Jesus. Com o constante desenvolvimento e progresso, acaba se tornando sede da comarca, transferida que foi esta de Salto Grande para Ourinhos, em 30 de novembro de 1938, sendo de terceira entrância e com duas varas, apenas uma instalada.

Um fato curioso é que um velho mapa de 1908 mostra a cidade de Ourinho (no singular), no Estado do Paraná, no lugar da atual cidade de Jacarezinho-PR. Não é obra anônima ou de amador. Editado pela seção cartográfica do Estabelecimento Graphico Weiszflog Irmãos, de São Paulo, foi incluído como o mapa da viação férrea de São Paulo, mostrando a zona tributária da Sorocabana Railway Company no relatório da ferrovia. O mapa ainda não registra a existência de Ourinhos. Existe apenas o pontilhado vermelho indicando o trecho da estrada de ferro em construção entre Ipauçu e Salto Grande.

Apesar do trabalho detalhado dos irmãos Weiszflog, há um falso mistério e algumas polêmicas entre historiadores municipais em relação à origem do atual nome, ou mesmo de outros nomes, tais como: Ourinhos, Ourinho Paranaense e Nova Alcântara.

Na realidade, a Ourinho "paranaense" foi também Nova Alcântara por escolha de seu fundador, o mineiro Antonio Alcântara da Fonseca, que se fixou naquelas terras em 1888. Jacarezinho era um distrito policial do município de Tomazina-PR e é, originalmente, o nome de um rio. Ourinho, por sua vez, é um riacho que vai dar no Ribeirão Fartura, afluente do Paranapanema.

Entre tantas denominações, o patrimônio de Nova Alcântara, ou Ourinho, correu o risco de se chamar Costina, em homenagem ao fazendeiro e político Antonio José da Costa Junior, que recusou a discutível honraria. Sua fazenda, aliás, chamava-se Ourinhos e, atravessando o Paranapanema, chegava até o lugar conhecido como Água do Jacu, atual bairro rural ourinhense. Nunca se estudou o fato, mas há a possibilidade de a fazenda ter ajudado a determinar o nome da cidade que, segundo relato de pessoas mais antigas do município, por causa da fertilidade de seu solo e da grande convergência agrícola, "tudo ali valia ouro", daí o nome Ourinhos.

Trata-se, no entanto, de apenas comentários, informações mais precisas não há.

O certo é que foram os trilhos da Sorocabana, como anteriormente mencionado, que oficializaram, por sua vez, a Ourinhos "paulista", a qual desde então herdou o nome por tradição oral.

Atualmente, com uma área territorial de 282 km^2 (42 km^2 urbana e 240 km^2 rural), o município encontra-se inserido na região administrativa de Marília, a qual é composta por quatro sedes de regiões de governo: Assis, Marília, Ourinhos e Tupã.

De acordo com a Fundação Seade (2006) (ver Tabela 4), o município apresenta uma população de 103.620 habitantes; a maioria habita a zona urbana, ou seja, aproximadamente 96,30% da população. Números que definem sua taxa de urbanização como superior à da própria região de governo (90,60%), da qual Ourinhos é sede, e a do Estado de São Paulo (93,65%).

Tabela 4 – Território e população de Ourinhos

Tipo	Ano	Município	Reg. gov.	Estado
Área (em km²)	2005	282	3.827	248.600
População	2005	103.620	218.445	39.949.487
Densidade demográfica (habitantes/km²)	2005	367,45	57,08	160,70
Taxa geométrica de crescimento anual da população 2000/2005 (em % a.a.)	2005	2,03	1,51	1,56
Grau de urbanização (em %)	2005	96,30	90,60	93,65
Índice de envelhecimento (em %)	2005	45,31	47,46	39,17
População com menos de 15 anos (em %)	2005	23,31	23,93	24,43
População com mais de 60 anos (em %)	2005	10,56	11,36	9,57
Razão de sexos	2005	96,21	97,95	95,85

Fonte: Fundação Seade (2006).

Ourinhos também é um importante nó da rede viária nacional, em destaque, ferroviária e rodoviária. Também podemos salientar que essa cidade é um importante centro comercial e exerce uma centralização urbana que atinge municípios tanto no estado de São Paulo quanto no Paraná. São destaques, inclusive, em Ourinhos, algumas atividades industriais, localizadas, em sua maioria, em espaços exclusivos (áreas industriais) e outras espalhadas pela cidade, como o setor ceramista (aproximadamente 70 olarias) e de bebidas. Os dados econômicos do município de Ourinhos podem ser observados na Tabela 5.

O fato de Ourinhos ser um importante centro de serviços de toda a região e também um importante entroncamento logístico torna-se, na atualidade, seu maior problema. Contribui para tanto a localização da cidade em uma posição geográfica interessante na articulação dos estados de São Paulo e do Paraná, dotados de importantes redes e sistemas de transporte.

De um lado, o município está localizado num dos pontos de conexão da rede ferroviária, ligando a malha da ALL, que serve aos

Tabela 5 – Economia de Ourinhos

Tipo	Ano	Município	Reg. gov.	Estado
Participação nas exportações do estado (em %)	2004	0,030263	0,053838	100,000000
Participação da agropecuária no total do valor adicionado (em %)	2003	7,52	24,62	7,70
Participação da indústria no total do valor adicionado (em %)	2003	34,12	33,02	43,78
Participação dos serviços no total do valor adicionado (em %)	2003	58,36	42,36	48,51
PIB (em milhões de reais correntes)	2003	938,78	2.270,16	494.813,62
PIB per capita (em reais correntes)	2003	9.329,39	10.621,36	12.619,36
Participação no PIB do estado (em %)	2003	0,189724	0,458791	100,000000

Fonte: Fundação Seade (2006).

estados do sul do País e à malha da Ferroban – atual concessionária da malha paulista, que, no município, correspondia à antiga Estrada de Ferro Sorocabana, depois incorporada à Fepasa (fotos 25 e 26). De outro, ainda é servido por quatro rodovias (BR153, SP270, SP327, SP278), das quais se destaca a BR153 que corta boa parte do País no sentido sul-norte (Transbasiliana) (fotos 27 a 30).

A oferta desse conjunto de opções de transporte transformou o município em um entroncamento logístico que, se, por um lado, agrega à economia local um vasto conjunto de oportunidades, por outro, acarreta a coexistência conflituosa de tráfegos de passagem e barreiras físicas que interferem na estrutura urbana.

Em Ourinhos, há duas linhas férreas cuja extensão é de 16,5 km na área urbana. A partir do pátio localizado no centro do município, desenvolve-se a linha sob concessão da ALL, que liga o município ao Paraná (Londrina) e daí até o Porto de Paranaguá. Dessa forma, ambas as linhas desenvolvem um traçado em forma de "Y" cortando a parte central da cidade (fotos 31 a 36).

Economicamente, Ourinhos destaca-se como centro distribuidor de derivados de petróleo e da indústria alcooleira, tanto que, diariamente, recebe cerca de 70 vagões carregados desses produtos (escoamento da produção das usinas), o que representa uma movimentação aproximada de um milhão de toneladas anuais e 15 vagões de gasolina e óleo diesel (distribuição para toda a região).

No Distrito Industrial Hélio Silva (fotos 37 e 42), o pátio ferroviário de Ourinhos movimenta, ainda, cerca de quarenta vagões diários, carregados de farelo de soja, o que corresponde ao expressivo volume de cerca de quinhentos mil toneladas anuais. Deve-se ressaltar que estão uma moega e um silo sendo implementados para o carregamento de arroz em área contígua à plataforma da linha férrea cujos dados quantitativos ainda não são disponíveis.

Sem dúvida, a disponibilidade de meios de transporte, sua centralidade regional e a existência de indústria de base local fortalecem o desenvolvimento econômico. Em especial, cabe menção à possibilidade de o município sediar uma plataforma logística baseada na articulação ferroviária, aqui citada, e nas rodovias que lhe servem, especialmente a BR 153.

No campo urbano, entretanto, a convivência entre a cidade e a malha de transporte ferroviária já dá sinais de esgotamento e começa a ser um elemento agregador de deseconomias à própria operação ferroviária, repetindo um quadro já conhecido de cidades cuja área urbana há muito passou os limites das linhas férreas que lhe deram origem.

Os derivados de petróleo e o álcool automotivo transportados na ferrovia representam um forte impacto urbano da ferrovia na cidade, dado pela periculosidade da carga transportada e por sua expressiva movimentação cotidiana.

É neste contexto que a cidade se encontra: de um lado, a certeza da necessidade de contar com a ferrovia como elemento impulsionador de sua economia que proporciona emprego, renda, arrecadação e bem-estar; de outro, a necessidade de ampliar as condições de urbanização, integrar melhor as áreas da cidade, obstaculizadas pela ferrovia, e prover melhores condições de segurança, haja vista o risco de acidentes ferroviários.

A solução a ser concebida pela prefeitura, prevista pelo novo Projeto de Lei do Plano Diretor Municipal (Título IV, Capítulo III e artigo 78) é:

1) A viabilização de um contorno ferroviário que permitirá retirar os trilhos da área central, bem como das instalações de derivados de petróleo, potencialmente perigosas para a população local.[8] Para o remanejamento dos trilhos do setor central, haverá necessidade de implementação de novos trechos a leste e sul da malha urbana (ver Figura 32), como também a criação de sistema funcional de circulação e transporte público, podendo estas possuir três configurações, a depender do trecho implementado:

a) vias de duplo sentido de circulação (com duas faixas de rolamento de 7,0 m por sentido) e canteiro central de 2,0 m;

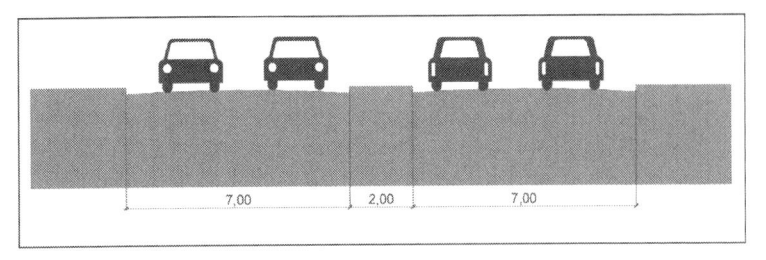

Fonte: Prefeitura Municipal de Ourinhos/Relatório Novo Contorno Ferroviário (2006, p.31).

Figura 32 – Croqui da proposta: vias de circulação (duplo sentido).

---

8 Segundo a Secretaria de Planejamento Municipal (informações verbais) e o relatório circunstanciado sobre o Programa de Ações para o Novo Contorno Ferroviário (2006), a partir do estabelecimento de um amplo Programa de Ação, a prefeitura pretende obter recursos federais, bem como agregar os usuários da ferrovia e a ALL para viabilizar a realização das obras necessárias. Tal situação é de natureza tão grave que a União, por meio do Departamento Nacional de Infraestrutura de Transporte (Dnit), vem desenvolvendo projetos de realocação de linhas férreas em cidades brasileiras em condições que causem menor impacto urbano. A União considera que a ferrovia, responsável direto pelo desenvolvimento dessas cidades, hoje representa um grande entrave a seu desenvolvimento e um enorme risco para suas populações, expostas a riscos de acidentes ferroviários.

b) vias de transporte público composto basicamente de duas pistas (ciclovia e *cooper* de 1,50 m cada), separadas por canteiro central de 1,0 m e calçadas mínimas de 2,50 m;

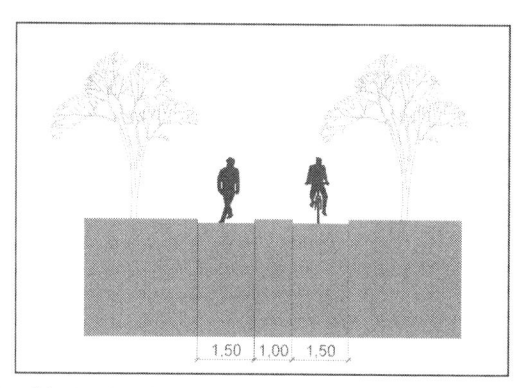

Fonte: Prefeitura Municipal de Ourinhos/Relatório Novo Contorno Ferroviário (2006, p. 28).

Figura 33 – Croqui da proposta: vias de transporte público (ciclovia e *cooper*).

c) vias de duplo sentido de circulação (com duas faixas de rolamento de 7,0 m por sentido), compostas por vias de transporte público (com pistas de ciclovia e *cooper* de 1,50 m cada), separadas por canteiros centrais de 1,0 m cada (ver Figura 34). No perfil composto para esse trecho, é intenção que as pitas de ciclovia e *cooper* integrem ao futuro Parque da Cidade, previsto para ser implementado na atual área do pátio ferroviário.

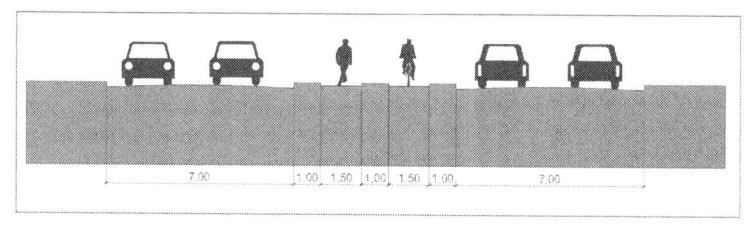

Fonte: Prefeitura Municipal de Ourinhos/Relatório Novo Contorno Ferroviário (2006, p.33).

Figura 34 – Croqui da proposta: vias de circulação (duplo sentido) com transporte público (ciclovia e *cooper*).

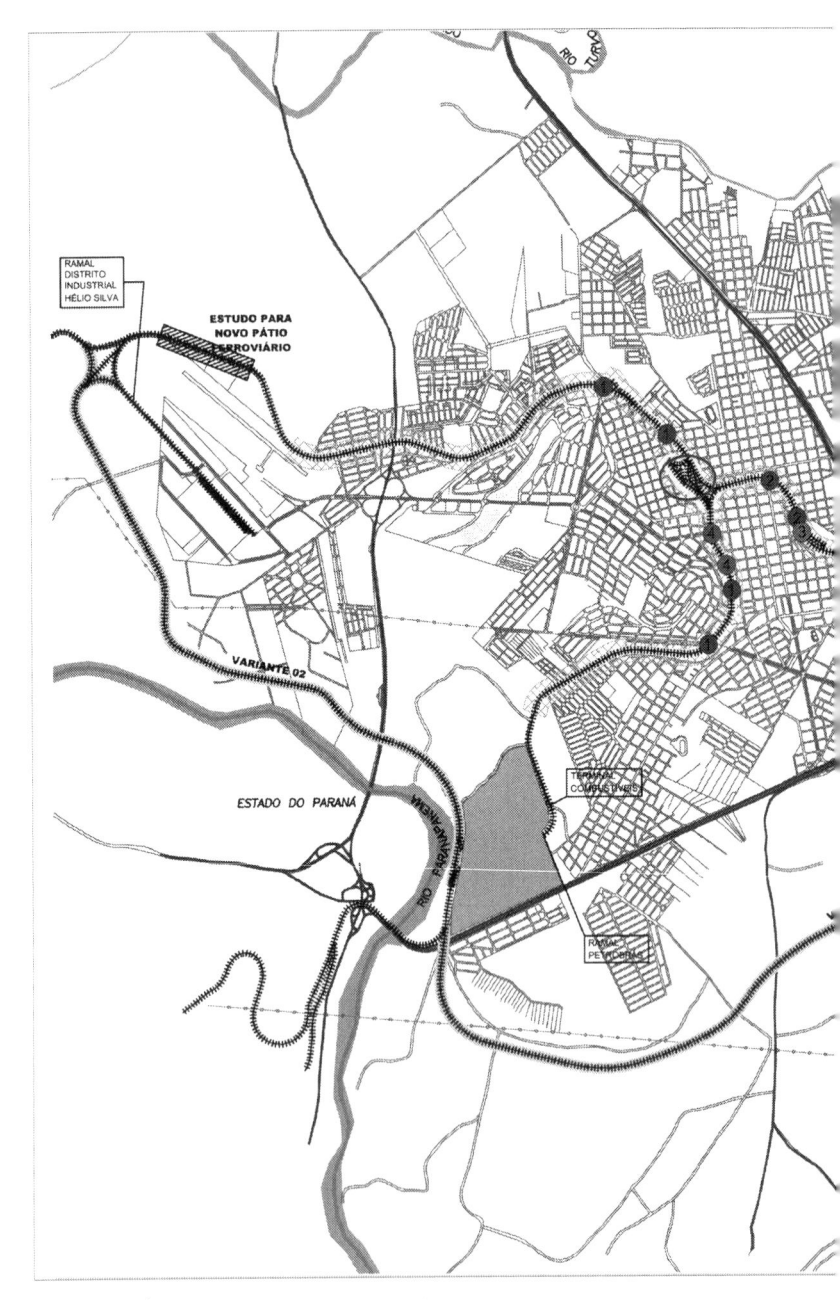

Figura 35 – Área de reestruturação ferroviária.

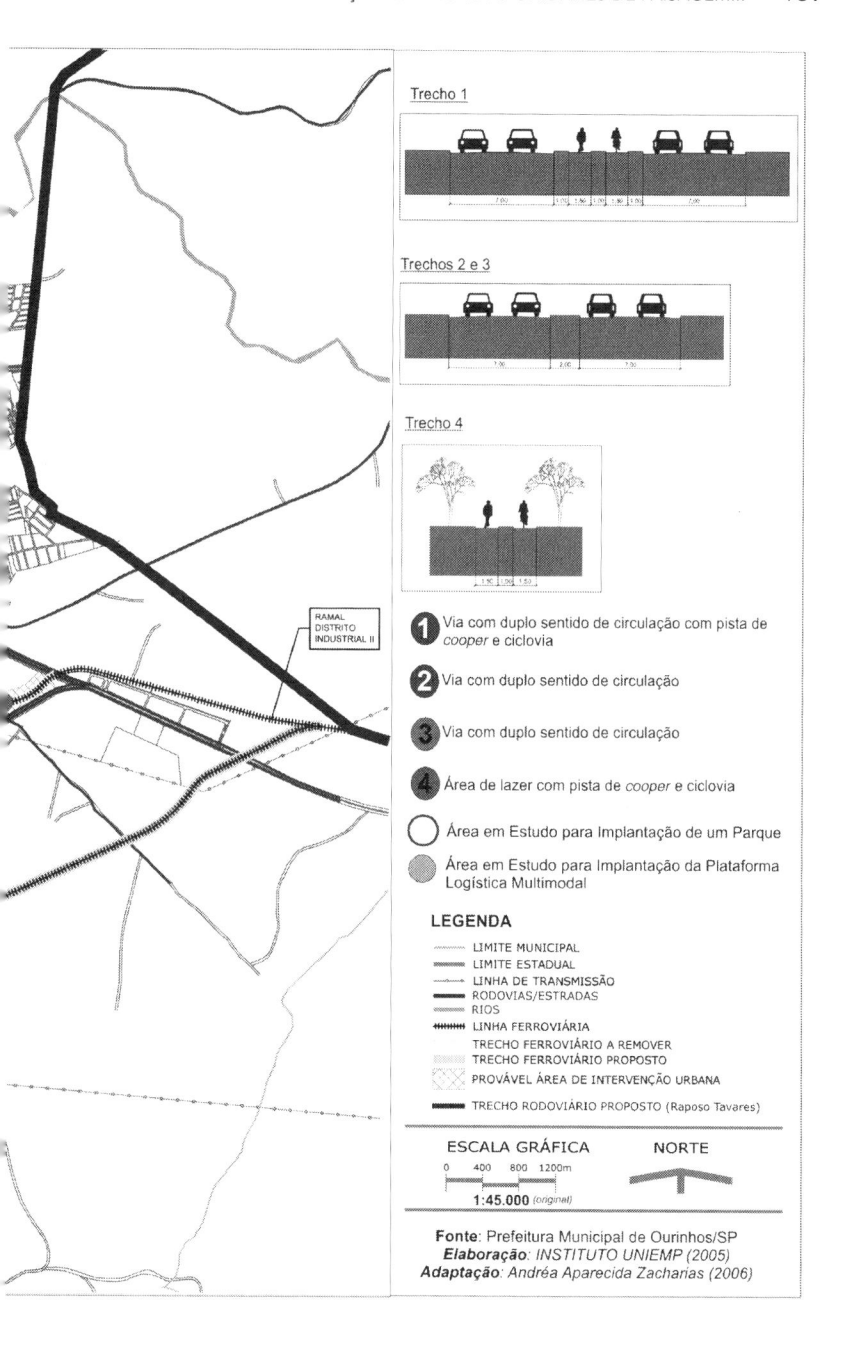

Trecho 1

Trechos 2 e 3

Trecho 4

1 Via com duplo sentido de circulação com pista de *cooper* e ciclovia

2 Via com duplo sentido de circulação

3 Via com duplo sentido de circulação

4 Área de lazer com pista de *cooper* e ciclovia

○ Área em Estudo para Implantação de um Parque

● Área em Estudo para Implantação da Plataforma Logística Multimodal

RAMAL DISTRITO INDUSTRIAL II

LEGENDA

LIMITE MUNICIPAL
LIMITE ESTADUAL
LINHA DE TRANSMISSÃO
RODOVIAS/ESTRADAS
RIOS
LINHA FERROVIÁRIA
TRECHO FERROVIÁRIO A REMOVER
TRECHO FERROVIÁRIO PROPOSTO
PROVÁVEL ÁREA DE INTERVENÇÃO URBANA

TRECHO RODOVIÁRIO PROPOSTO (Raposo Tavares)

ESCALA GRÁFICA   NORTE

0   400   800   1200m

1:45.000 *(original)*

Fonte: Prefeitura Municipal de Ourinhos/SP
Elaboração: *INSTITUTO UNIEMP (2005)*
Adaptação: *Andréa Aparecida Zacharias (2006)*

2) Ao mesmo tempo, tal contorno deverá permitir a instalação de uma plataforma logística ancorada em uma operação multimodal envolvendo a ferrovia e o transporte rodoviário e fluvial, potencializando a instalação de terminais adequados para os movimentos de carga e acessibilidade do município (ver Figura 35).

Entende a prefeitura que a adequação da inserção da ferrovia no contexto urbano, em um enfoque que abranja os problemas sociais, urbanísticos e de transporte, constitui um importante elemento de resgate da própria relação entre comunidade e ferrovia e agente promotor de benefícios para as cidades.

Especialmente no aspecto urbanístico, a construção do contorno ferroviário permitirá que as áreas hoje ocupadas pelos trilhos possam ser incorporadas ao sistema de circulação com soluções que permitam uma mobilidade adequada, integrando bairros, articulando ligações viárias, a construção de ciclovias e de áreas de convivência. Nesse particular, vale dizer que a reincorporação à cidade da área hoje ocupada pelo pátio central, com mais de cem mil m², poderá transformar toda área central do município, mediante a implementação de um parque, de edifícios públicos, áreas para o comércio e residências.

3) Remanejamento do trecho urbano da Rodovia Raposo Tavares, criando uma avenida de deslocamento rápido e transferindo o fluxo de veículos de carga para via proposta da face leste da área urbana.

Análise da caracterização do meio natural e socioeconômica

Como terceira etapa do zoneamento ambiental, a fase *analítica* é responsável pela integração dos componentes naturais com os socioeconômicos, obtidos anteriormente. Trata-se de uma importante etapa, porque a análise e integração dessas informações levam aos chamados indicadores ambientais: as unidades geoambientais.

Nesse caso, convém esclarecer que a originalidade da proposta de Mateo Rodriguez (1994) sugere qualificar os atributos geoecológicos da paisagem, em unidades geoambientais, a partir das áreas (emissoras, transmissoras e de acumulação).

Porém, no decorrer da análise da área do município de Ourinhos, observou-se que, dentro dessas unidades geambientais (maiores) existiam diferentes dinâmicas entre seus atributos, muitas vezes em razão do tipo de uso e ocupação do solo no sistema ambiental. Como saída, e acreditando estar no caminho certo para obter a cartografia de síntese ambiental, além de considerar as classes das unidades geoambientais, criou-se uma intermediária, a partir da qual foi possível obter as "verdadeiras" unidades de paisagem, pois entendemos que estas possuem semelhanças entre uso e ocupação do solo ante as potencialidades e fragilidades ambientais.

Para obter tal propósito, com base na análise da documentação cartográfica (mapeamentos analíticos) e em minuciosa correção das informações, seguindo as recomendações de Mateo Rodriguez (1994), procedeu-se às duas etapas:

- *Identificação das unidades geoambientais*: a partir das características físicas da paisagem do município, essa identificação correspondeu à delimitação da paisagem ambiental com prioridades para as áreas de topos, vertentes e fundo de vale.
- *Delimitação das unidades de paisagem*: a partir da correlação entre as características físicas e o tipo de uso e ocupação do solo predominante na paisagem do município, obtiveram-se as unidades de paisagem.
- *Análise das funções geoecológicas das unidades de paisagem*: a paisagem manifesta-se por meio de mecanismos de absorção, transformação e saída de matéria e energia, fatores que garantem sua subsistência e produção. No entanto, para o conhecimento concreto dessa dinâmica, são necessários estudos criteriosos de geofísica e geoquímica. Todavia, seguindo as recomendações de Oliveira (2003), o trabalho realizado guiou-se apenas pelos parâmetros qualitativos, que foram avaliados de acordo com três categorias principais de análise:

a) *Áreas emissoras*: aquelas que garantem o fluxo de energia para o restante da área, sendo posicionadas em níveis altimétricos mais elevados.

b) *Áreas transmissoras*: coincidem com as vertentes, cuja função consiste em garantir o translado dos fluxos de matéria e energia para os níveis inferiores.

c) *Áreas de acumulação*: identificadas como os fundos dos vales, possuem as funções de coletar os fluxos de matéria e energia e de transmitir concentrada e seletivamente esse mesmo fluxo através das correntes híbridas do leito do rio, caracterizando-se como paisagens dinâmicas, recentes e em constante estado evolutivo.

A partir desse procedimento, foi possível obter 22 unidades de paisagem para o município de Ourinhos, fruto da análise física e dos tipos de uso e ocupações predominantes, em cada compartimento paisagístico. As unidades de paisagem são:

1) Topo dos interflúvios Turvo-Grande e Córrego Fundo;
2) Topo dos interflúvios Turvo-Santa Maria;
3) Topo dos interflúvios Jacu-Lajeadinho;
4) Altas vertentes do rio Turvo (margem direita);
5) Altas vertentes do Turvo-Santa Maria;
6) Altas Vertentes do Pardo (margem esquerda);
7) Altas vertentes do Pardo-Santa Maria;
8) Altas vertentes do Pardo-Paranapanema (área urbana);
9) Baixas vertentes do Turvo (margem direita);
10) Baixas vertentes do Turvo-Santa Maria;
11) Baixas vertentes do Pardo (margem direita);
12) Baixas vertentes do Pardo-Santa Maria;
13) Baixas vertentes do Pardo (margem esquerda);
14) Baixas vertentes urbanas do Pardo (margem esquerda);
15) Baixas vertentes do Paranapanema (margem direita);
16) Baixas vertentes urbanas do Paranapanema (margem direita);
17) Fundo de vale do rio Turvo;
18) Fundo de vale do Ribeirão Grande e Córrego Fundo;
19) Fundo de vale da bacia do Pardo (margem direita);

20) Fundo de vale do córrego Santa Maria;
21) Fundo de vale e área de várzea da drenagem urbana;
22) Fundo de vale e área de várzea do Paranapanema (margem direita).

O diagnóstico da cartografia de síntese e a representação gráfica das unidades de paisagem

No zoneamento ambiental, o *diagnóstico* corresponde à síntese dos resultados, possibilitando a caracterização do cenário atual, entendido como estado geoambiental, onde é possível avaliar os problemas ambientais. Essa etapa compreende a identificação e descrição dos impactos ambientais, como também o levantamento do quadro socioeconômico, para posterior análise integrada (cartografia de síntese) das informações.

- *Análise da capacidade de uso potencial*: etapa em que se procede a análise de uso e ocupação do solo que pode ser realizada na unidade física sem alteração significativa das características originais da paisagem que represente impactos ambientais negativos. A análise da capacidade de uso potencial considera, portanto, os parâmetros físicos e as restrições legais quanto ao uso e à ocupação do solo.
- *Função socioeconômica*: depois de analisada a capacidade do uso, têm-se, neste momento, os apontamentos relativos à função socioeconômica por meio da análise de uso e ocupação atual do solo.
- *Correlação entre capacidade do uso potencial e função socioeconômica*: compreende uma relação entre a capacidade do uso potencial e função socioeconômica. Essa correlação é analisada sob quatro categorias:
  a) *Compatível*: para as áreas em que a função socioeconômica está dentro da capacidade de uso potencial da unidade física, o que representa uma alteração com níveis de impactos negativos controláveis.

b) *Incompatível*: quando a função socioeconômica extrapola a capacidade de uso potencial da unidade física, alterando significativa e negativamente suas características, tem-se um diagnóstico de estado incompatível.

c) *Adequado*: refere-se a áreas em que a função socioeconômica é compatível com a capacidade de uso potencial da unidade física e atende às especificações expressas nos instrumentos legais.

d) *Inadequado*: quando a função socioeconômica é incompatível com a capacidade de uso potencial da unidade física e não atende às especificações legais.

- *Classificação qualitativa das unidades de paisagem*: com base nos dados anteriores, essa etapa relacionou os principais problemas identificados em cada unidade de paisagem, qualificando-as segundo seu estado geoecológico, de acordo com três categorias:

a) *Estado otimizado*: compreende as áreas que apresentam relação compatível e adequada entre capacidade de uso potencial e função socioeconômica.

b) *Estado alterado*: refere-se às áreas com relação incompatível entre capacidade de uso potencial e função socioeconômica, e que se encontram degradadas pela ação antrópica aliada às características físicas.

c) *Estado esgotado*: representa as áreas com relação incompatível e inadequada entre capacidade de uso potencial e função socioeconômica, sendo áreas fortemente impactadas.

Como resultado, obteve-se a cartografia de síntese que tem como finalidade evidenciar o estado "geoambiental das unidades de paisagem", o que foi demonstrado pelo trabalho realizado no município de Ourinhos (Anexo 11). Trata-se, na verdade, de proposta e subsídio para a efetivação do futuro zoneamento ambiental municipal.

Voo panorâmico em 3D

A comunicação sempre esteve atrelada aos objetivos da cartografia. Com a revolução informacional-tecnológica, a partir da segunda metade do século XX, e a necessidade de acompanhar o dinamismo de análises espaciais, foi possível inserir a cartografia em ambiente digital, como uma nova forma de visualizar e comunicar suas representações espaciais, como já foi abordado no capítulo 3.

Com isso, o computador deixou de ser apenas uma plataforma de processamento de dados para tornar-se também uma plataforma interativa e dinâmica para apresentação de informações.

Atendendo a tal perspectiva, após a elaboração do mapa-síntese das unidades de paisagem, foi elaborado um aplicativo executável, com o *software* ArcScene e com uma simulação de voo panorâmico em 3D sobre a área de estudo, como forma de apresentar ao leitor e usuário dos mapas de planejamento ambiental as novas possibilidades da cartográfica multimídia, como meio de comunicação cartográfica dotada de representações dinâmicas e interatividades.

A ideia inicial para esse executável era apresentá-lo a partir do mapa geoambiental das unidades de paisagem, porém, dada a perda da leitura em perspectiva, (tridimensional), o projeto foi reelaborado a partir do formato TIN (*triangulated irregular networks*).

A seguir, são apresentados os procedimentos técnicos utilizados para o desenvolvimento desse projeto:

a) Num primeiro momento, foi realizada a importação para o ArcGIS V. 9 dos *layers* de interesse, criados anteriormente no arquivo Autocad Map com extensão DWG.

b) No ambiente do ArcGIS, foi criado seu arquivo *raster* para futura importação para o módulo ArcScene. Esse procedimento é importante porque permite diminuir a influência negativa, em termos de visualização, que o arquivo TIN exerce sobre polígonos durante a geração do voo.

c) Utilizando a extensão 3D Analyst, do ArcGIS, com base nos dados de altimetria, limite da área de estudo e hidrografia, criou-se um modelo de superfície em 3D, no formato TIN.

d) Esse modelo foi importado para o ArcScene, onde se criaram sua interpolação e visada em 3D e a origem a filmes com 20 quadros por segundo.

e) Após os filmes serem exportados no formato AVI e depois de utilizar o Windows Movie Maker, os vídeos foram intercalados com as fotos (da área de estudo), inseridas de modo alternado.

f) Para garantir a interatividade, efeitos de transição entre o vídeo e as fotos foram incluídos, e gerou-se um filme integrado no formato wmv, por ser o *file* convencionalmente reproduzido por meio de qualquer Windows que possua o Media Player.

Após tais procedimentos, obteve-se o voo panorâmico em 3D do município de Ourinhos, o qual deve ser analisado no Anexo 12 (CD).

Plano diretor e zoneamento municipal de Ourinhos: algumas considerações sobre as novas propostas ambientais

Com o propósito de correlacionar os estados geambientais das unidades de paisagem com as novas diretrizes do plano diretor e do zoneamento municipal, fez-se necessária a discussão proposta neste tópico, a fim de levantar algumas considerações sobre as proposições e as políticas ambientais.

Em atendimento às disposições do artigo 182 da Constituição Federal, o qual fundamenta o Estatuto da Cidade (Lei n° 10.257 de 10 de julho de 2001), o novo Plano Diretor do Município de Ourinhos foi elaborado de forma a estabelecer um encaminhamento do município à compatibilização do desenvolvimento socioeconômico com a preservação ambiental, garantindo a qualidade de vida de seus habitantes, uma reorganização territorial ambiental, além do uso racional dos recursos ambientais naturais ou não naturais.

Assim, de acordo com o artigo 2° (parágrafo único), é um de seus objetivos estabelecer diretrizes que visem, além da qualidade de vida de seus moradores, ao desenvolvimento socioeconômico e socioespacial sustentável do município.

No entanto, quando se observam as diretrizes que fundamentam seu zoneamento municipal, como em quase todos os municípios, verifica-se que esse plano diretor possui uma feição "moderna" que mascara o perfil "tradicional", ou seja, embora apresente legislações e preocupações com a questão ambiental, sua organização quanto ao uso e à ocupação do solo preserva a clássica funcionalidade urbanística das macrozonas.

De acordo com o Projeto de Lei do Plano Diretor (artigos 81 e 82), fica determinado que: "[...] o Zoneamento Municipal de Ourinhos terá como meta instituir a divisão do território em zonas ou áreas especializadas de usos e ocupação do solo, delimitadas por lei" (artigo 81 – parágrafo único).

De acordo com essas metas, dos vinte incisos apresentados (artigo 82), apenas sete apresentam preocupações diretamente ligadas às questões ambientais:

V. contribuir com o desenvolvimento sustentável;

IX. requalificar a paisagem;

XII. estabelecer um controle ambiental eficiente;

XV. permitir o monitoramento e o controle ambiental;

XVIII. conter a ocupação de áreas ambientalmente sensíveis;

XIX. conservar os recursos naturais;

XX. evitar ocupações desordenadas.

A partir de então, considerando, por um lado, o remanejamento proposto para a Rodovia Raposo Tavares (SP-270), que passaria a contornar externamente a área urbana, liberando seu traçado atual para futura avenida, e, por outro, o remanejamento da ferrovia, também para fora da área urbana, conforme o futuro Terminal Logístico Intermodal, o Plano Diretor prevê duas macrozonas: urbana e rural.

- *Macrozona urbana* (MZU): é aquela efetivamente ocupada ou já comprometida com a ocupação pela existência de parcelamentos urbanos implantados ou em execução, sendo a porção que concentra a infraestrutura do município delimitada administrativamente (ver Figura 35). Portanto, ela encontra-se subdivida em cinco setores conforme os artigos que constam do Quadro 4:

Quadro 4 – Legislação que regulamenta a macrozona urbana

Setores	Artigos	Legislações
ZONA DE CENTRALIDADE (ZC)	De 86 a 88	"Situada no centro urbano do município, ocupada pelo pátio de manobras da ferrovia, esta zona objetiva-se, a partir da sua reestruturação viária e revitalização urbana." "Os usos permitidos são de atividades de pouca incomodidade – comércio, serviços e microempresas industriais –, e residências uni e multifamiliares, com médio índice de aproveitamento dos terrenos."
ZONA MISTA (ZM)	De 90 a 95	"A Zona Mista caracteriza-se por fácil acessibilidade, e é ocupada por usos mistos com predomínio de residências da população fixa do município." "Deverá ser permitida nestas zonas a maior gama de usos terciários, sempre que compatíveis com o uso residencial, visando desconcentrar o atual centro principal e propiciar a redução dos deslocamentos."
ZONA PREDOMINANTEMENTE RESIDENCIAL (ZPR)	De 86 a 88	"A ZPR caracteriza-se por ocupação essencialmente de domicílios permanentes, com infraestrutura incompleta." "Deverá permanecer como zona de densidades residenciais médias e de média intensidade de ocupação do solo." "Na Zona Predominantemente Residencial – ZPR os usos permitidos são de residências unifamiliares, condomínios residenciais horizontais, comércio local."
ZONA ESTRITAMENTE RESIDENCIAL (ZER)	De 100 a 102	"A ZER apresenta-se com características ambientais privilegiadas, e destina-se à implantação de empreendimentos que introduzam no município um novo padrão de assentamento residencial de baixa densidade, através de loteamentos e de condomínios de características especiais. A preservação desta condição visa atender à demanda de espaços urbanos de maior privacidade e tranquilidade, que constituem atributos requeridos por parte da população."
ZONA INDUSTRIAL, DE COMÉRCIO E SERVIÇOS (Zics)	De 104 a 107	"Esta zona é praticamente desocupada, ainda não parceladas, constituem reservas significativas de terras com boa acessibilidade rodo-ferroviária no Município, reservadas para a implantação de atividades diversificadas incluindo indústrias, comércio atacadista e varejista, serviços industriais e outros de âmbito regional, cabendo ao poder executivo e legislativo a apreciação da referida expansão através de revisão do Plano Diretor e de estudos de viabilidade da infraestrutura."

- *Macrozona rural* (MZR): é aquela em que a organização do espaço caracteriza o imóvel rural, o qual se destina à exploração agrícola, pecuária, agroindústria e eco-turismo, não podendo existir o parcelamento do solo para fins urbanos. Essa macrozona está subdividida em: zona de proteção ambiental (ZPA), zona agropecuária (ZAP), zona de agricultura sustentável (ZAS) e zona de desenvolvimento rural (ZDR).

Todavia, diferentemente da MZU, a MZR não possui legislações específicas para cada um de seus quatro setores, apresentando apenas as regulamentações genéricas e totalmente abrangentes, previstas pelos quatro artigos indicados no Quadro 5.

Quadro 5 – Legislação que regulamenta a macrozona rural

Artigos	Diretrizes/legislações
109	"Qualquer pretensão de alteração do solo rural para fins urbanos deverá ser precedido de memorial justificativo e explicativo de que o empreendimento agrega ao Município valores culturais, turísticos e econômicos, respeita o meio ambiente e não prejudica a produção rural, além das demais exigências eventualmente existentes em lei específica."
110	"O Poder Executivo deverá integrar o Município de Ourinhos ao Sistema Estadual Integrado de Agricultura – Seita, sistema de incentivo ao setor agropecuário, possibilitando maior agilidade na obtenção de recursos e na solução de problemas."
111	"Deverá ser prevista a construção de um local apropriado para a estocagem e o trespasse da produção agrícola local, evitando que os produtos saiam do Município para outros entrepostos e voltem para serem aqui comercializados com valores majorados."
112	"O Conselho Municipal de Desenvolvimento Rural deverá promover estudos, elaborar programas de treinamento técnico, doação de mudas, sementes e outros, visando à manutenção do trabalhador rural no campo."

Um dos pontos positivos do novo plano diretor são as propostas de política municipal do meio ambiente que, de acordo com seu artigo 11, tem como objetivo geral:

a melhoria da qualidade de vida dos habitantes do município, mediante proteção, preservação, conservação, controle e recuperação do meio ambiente, obedecendo o critério de sustentabilidade, considerando-o um patrimônio público a ser defendido e garantido às presentes e futuras gerações.

Além das macrozonas supracitadas, está prevista a criação de quatro áreas especiais (ver Figura 37), as quais compreendem porções do território, com características diferentes ou destinação específicas, que exigem tratamento especial na definição de parâmetros reguladores de uso e ocupação do solo, sobrepondo-se ao zoneamento municipal. As quatro áreas especiais são: área especial de desenvolvimento incentivado (Aedi), área especial de requalificação e interesse social (Aeris), área especial de interesse turístico (Aeit) e área especial de interesse ambiental (Aeia).

A área especial de desenvolvimento incentivado (Aedi) inserida na Zics está destinada à implantação de: terminal logístico multimodal e futuro empreendimento a ser planejado no leito do Rio Paranapanema, nas marginais direita e esquerda da Rodovia Mello Peixoto, juntamente com as cavas de extração de argila.

A área especial de requalificação e interesse social (Aeris) inserida na ZPR é destinada à recuperação urbanística, à regularização fundiária e à produção de habitações populares, com provisão de espaços públicos, equipamentos sociais e culturais, serviço e comércio locais.

A area especial de interesse turístico (Aeit) inserida na MZR caracteriza-se por terrenos alagadiços, à beira do rio Paranapanema, e destina-se a abrigar atividades de turismo, com proteção dos recursos naturais, o chamado "turismo ecológico".

Finalmente, a área especial de interesse ambiental (Aeia) corresponde a áreas públicas ou privadas que terão na política especial atenção quanto a proteção, preservação, conservação, controle e recuperação da paisagem e do meio ambiente. Essas áreas situam-se perto de áreas de fundo de vale, de várzea, daquelas sujeitas à inundação, de mananciais, áreas de alta declividade e cabeceiras de drenagem, em especial:

- o leito do rio Paranapanema, nas marginais direita e esquerda da Rodovia Mello Peixoto, juntamente com as cavas de extração de argila;
- cabeceiras, nascentes e cursos d'água integrantes das microbacias do município.

Portanto, para garantir essa equidade, o plano diretor apresenta as diretrizes indicadas no Quadro 6.

Quadro 6 – Diretrizes do plano diretor

Artigos	Diretrizes/legislações
12	"I. Elaborar o Zoneamento Ambiental Municipal e estabelecer mecanismos de gestão e controle."
17	"I. Implantar parques lineares, parques de fundo de vale, vias verdes e EPL – Equipamentos Públicos de lazer; [...] III. Estabelecer o controle de uso e ocupação do solo compatível segundo orientações do Zoneamento Ambiental; IV. Planejar e implantar atividades turísticas ecológicas."
18	"Os espaços e sistemas de lazer de propriedade da Prefeitura deverão ser cadastrados e submetidos a um programa permanente de manejo, ficando prevista, ainda, a implantação de um Centro de Educação Ambiental. Parágrafo Único. Qualquer parque municipal deverá ser tratado com as finalidades ecológica, educacional e de lazer."
19	"As áreas com vegetação nativa arbórea de propriedade particular, em área urbana, desde que preservadas, independentes de seu estado de conservação, poderão ser beneficiadas com incentivos fiscais."
21	"Nas áreas particulares que margeiam os córregos, rios, nascentes e lagos, em área urbana ou rural, deverá ser solicitada autorização para o órgão municipal, estadual e federal competente, para manejo e recomposição com espécies nativas específicas de mata ciliar regional. Parágrafo Único. Nas áreas públicas tornar-se-á obrigatória tal recomposição, seguindo-se os critérios técnicos recomendados."
23	"São objetivos relativos aos Recursos Hídricos: I. executar o monitoramento dos corpos d'água superficiais do Município e fiscalizar o lançamento de resíduos sólidos; II. implantar as normas técnicas para a aprovação de obras de movimentação de terra que provoquem erosão e ou assoreamento dos corpos d'água;"

Continua

Quadro 6 – *Continuação*

23	III. estabelecer normas de controle do uso e ocupação do solo, nas áreas de proteção permanente dos manancias; IV. implantar áreas verdes em cabeceiras de drenagem, às margens de corpos d'água e estabelecer programas de recuperação, em especial: a. Córrego Jacuzinho; b. Córrego Jacu; c. Córrego Monjolinho; d. Córrego das Águas das Furnas; e. Várzea da bacia do rio Paranapanema (Rod. Mello Peixoto)."
24	"Promover uma política de saneamento ambiental integrado, por meio da gestão ambiental, do abastecimento de água potável, da coleta e tratamento do esgoto sanitário, da drenagem das águas pluviais, do manejo dos resíduos sólidos e do reuso das águas, promovendo a sustentabilidade ambiental do uso e da ocupação do solo."
	"II. Reservar áreas para implantação de novos aterros sanitários;
33	São prioritárias, para as ações de implantação e manutenção do sistema de drenagem, as áreas onde há problemas de segurança, notadamente à margem de cursos d'água e outras áreas baixas onde haja risco de inundações."
32	"São diretrizes para o sistema de drenagem urbana: I. controlar o processo de impermeabilização do solo; II. proteger os cortes e aterros contra a erosão; III. escoamento rápido das águas de chuvas evitando-se inundações e empoçamento de água nas vias; IV. disciplinar a ocupação nas cabeceiras e várzeas das bacias do Município, preservando a vegetação existente e visando a sua recuperação; V. implementar a fiscalização do uso do solo nas faixas sanitárias, várzeas e fundos de vale [...]"

Todos esses dados foram diluídos no mapa geoambiental das unidades de paisagem especificamente na coluna "Propostas do plano diretor municipal de Ourinhos-SP", para a realização das fases posteriores, *propositiva* e *executiva*, em que, considerando-se o diagnóstico elaborado e os problemas ambientais detectados, apresentaram-se algumas sugestões (diretamente na legenda explicativa do mapa) visando à melhoria do estado ambiental e do uso e da ocupação do solo compatível (Anexo 11).

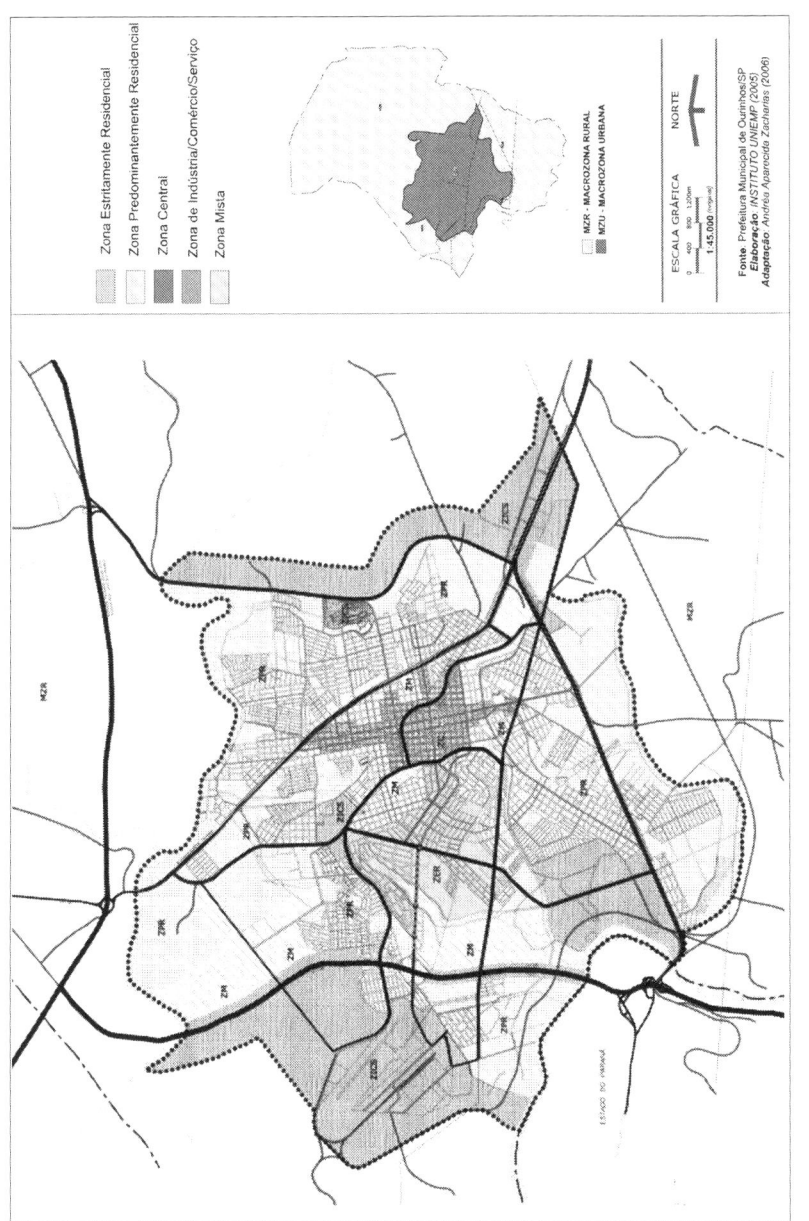

Figura 36 – Macrozona urbana: proposta do novo plano diretor.

Considerações finais

Com base nas abordagens anteriormente apresentadas, serão realizadas aqui as considerações finais sobre a proposta deste livro e explicitadas, de maneira pontual, algumas conclusões.

O paradigma estruturalista e a representação gráfica (semiologia gráfica) em trabalhos de zoneamento ambiental

De acordo com as discussões realizadas no capítulo 1, ficou evidente que o zoneamento ambiental passou a integrar a geografia a partir do momento em que houve a eclosão mundial pela necessidade da preservação, sustentatibilidade e biodiversidade ambientais. Constatou-se também que a ocupação social e cultural dos diferentes espaços, cada vez mais crescente e realizada sob forma inadequada, resultou em graves consequências ao ambiente e impôs necessidades de planejar, compatibilizar e adequar os diferentes usos e ocupações do solo que respeitem suas vocações naturais e ambientais.

Tal fato aconteceu com maior efervescência, a partir da década de 1990, quando o planejamento ambiental começa a ser incorporado nos planos diretores municipais. Foi a partir desses trabalhos que se obtiveram as informações mais contundentes sobre qualidade de vida, sociedade, desenvolvimento sustentável e meio ambiente.

A partir desse momento, o zoneamento, o planejamento e a gestão ambientais passam a caminhar lado a lado. Isso requer a compreensão de que, quando o zoneamento está finalizado, há todo um trabalho adiante que envolve desde a definição de diretrizes até o preparo de programas, a participação pública, a instituição de conselhos municipais, o delineamento de premissas gerenciais e a elaboração de diferentes propostas tradicionalmente espacializadas em cenários gráficos e visuais (os mapeamentos temáticos), os quais podem ser avaliados por diferentes indicadores socioambientais.

São esses cenários que irão retratar as relações entre vocação da terra e as decisões a serem tomadas ao longo de um período temporal num dado espaço. Nessa lógica de trabalho, é vital que o planejador estabeleça, de forma objetiva, por meio dos mapeamentos temáticos, cenários gráficos com paisagens resultantes das grandes transformações induzidas pelas políticas e atividades humanas sobre os recursos naturais.

Infelizmente, as cartografias espacial e temporal (representações dinâmicas) constituem ainda um desafio para a cartografia. Segundo Martinelli (1994, p.72-5):

> *Tempo e espaço* são dois aspectos fundamentais da existência humana. Tudo à nossa volta está em permanente mudança. O que podemos apreciar à nossa frente no presente é a atualidade em sua dimensão temporo-espacial. Não podemos negligenciar que por trás dessa realidade há uma dinâmica social que produz e reproduz o espaço geográfico, do qual somos parte integrante. Este se relaciona com a história da humanidade [...] Tradicionalmente, as variações no tempo exploradas pelos mapas ambientais reportam-se predominantemente às transformações espaciais havidas (parte do uso A da primeira data cede lugar a um novo uso B, na segunda data, sem incluir o *fator* que motivou tal mudança). Estes mapas são chamados de diacrônicos; referem-se à evolução do uso e revestimento do uso.

É com base nesse ideário que a cartografia assume extrema importância nos trabalhos de zoneamento ambiental não apenas ao fornecer uma cartografia ambiental (cartografia das paisagens) que busca representar a relação dos componentes que perfazem a natureza como um sistema e dela com o homem, mas também ao permitir a elaboração de cenários gráficos, dos analíticos aos de mapa-síntese, que definem as zonas ambientais, propiciando assim condições de diagnóstico para a leitura e percepção das diferentes unidades de paisagem.

A cartografia, portanto, tem um papel fundamental não apenas como procedimento metodológico, mas também como produção do conhecimento. Nesse sentido, pode-se afirmar que não existe zoneamento ambiental sem cartografia, assim como não existe geografia sem cartografia. Em ambos os casos, uma situação é certa: trata-se de ciências complementares.

Com este trabalho, pode-se constatar que a cartografia, no zoneamento ambiental, assume conotação essencial para a representação da realidade, uma vez que ajuda a promover o levantamento e reconhecimento das potencialidades e fragilidades de um determinado espaço (neste caso, o município de Ourinhos). Além disso, transforma-se em resultados a partir do contato com as informações espacializadas, nos mapas-sínteses, que retratam o reflexo e a situação geocológica das unidades de paisagem.

As definições, explicações e descrições das diferentes unidades de paisagem no zoneamento ambiental, no entanto, são função da escala que é objetivada mediante a visibilidade de partes do real, que se diferenciam de acordo com o ponto de vista do observador e/ou geógrafo. Conforme observado no capítulo 1, convém lembrar aqui que, no zoneamento ambiental, são os espaços percebidos e os recortes espaciais (escalas geográficas) que determinarão os espaços concebidos (escalas cartográficas).

Em outras palavras, no zoneamento o mapa temático não é produzido a partir de uma simples representação espacial da informação. Antes, resulta de um processo de construção de conhecimento que define, por meio de uma linguagem gráfica e visual, as zonas ou unidades geoambientais da paisagem.

Considerando que foi somente a partir da década de 1960, fase em que surgiu a preocupação em trabalhar com a tríade relação entre a *sintática* (relações formais entre os signos e o usuário), *semântica* (relações entre conteúdo e significado dos signos) e os *efeitos pragmáticos* (decodificação dos signos pelos usuários), que várias teorias sobre o mapa são formuladas e a geografia volta-se para os estudos em comunicação cartográfica, foi possível comprovar uma das hipóteses levantadas no início deste trabalho.

Portanto, quando um mapa se destina a diferentes públicos, como o caso dos mapeamentos do zoneamento ambiental, o tratamento gráfico da informação, com os fundamentos da semiologia gráfica (representação gráfica), é um importante recurso metodológico não apenas por considerar os componentes da imagem gráfica – os dois componentes de localização (x e y) e um componente de qualificação (z), representada sobre o plano mediante manchas visuais – mas também por possibilitar, de um lado, a linguagem gráfica por meio de um sistema de signos gráficos, formados pelo significado (conceito) e significante (imagem gráfica), que transcrevem a relação monossêmica, e, de outro, a transcrição gráfica e visual evidenciando três relações fundamentais – a diversidade ($\neq$), a ordem (O) e a proporção (Q) entre objetos da realidade ambiental.

Nesse intento, conclui-se que, quando aplicada às finalidades do zoneamento ambiental, a ciência cartográfica configura-se, *a priori*, como meio de comunicação, uma linguagem gráfica que possui a própria semiologia, exigindo, portanto, como qualquer outra área científica, apresentar um método, com procedimentos metodológicos, quanto à representação gráfica, para aqueles que dela se utilizam.

A proposta metodológica dos vários níveis de leitura em mapeamentos com finalidades de zoneamentos e o voo panorâmico em 3D

Assim, para que a cartografia apresente um método, na tentativa de contribuir com uma sistematização que contemple subsídios ao zoneamento ambiental, conclui-se que a proposta metodológica dos vários níveis de leitura, abordada neste livro, alcançou o desafio a que se impôs.

Os vários níveis de leituras – bidimensional (x,y), em perspectiva e iconográfica associada à legenda por coleção de mapas – não só permitiram adequadas legibilidades sob a realidade espacial, mas também revelaram, sem ambiguidades, o conteúdo da informação gráfica e visual tanto nos mapas analíticos quanto no mapa-síntese.

A *leitura bidimensional* (x,y) contribuiu para a leitura monossêmica da paisagem, para a transmissão da informação, adequando sua linguagem, sua semiologia gráfica, para os variados usuários, leitores e atores sociais do mapa.

As duas *leituras em perspectiva* (x,y,z) facultaram a visão do conjunto, do arranjo espacial, delineando a leitura sobre a paisagem, do geral ao particular e do particular ao geral.

Segundo Martinelli & Pedrotti (2001, p.40):

> convencionalmente, ao atingir uma visão quase vertical, área, até azimutal, a paisagem torna-se praticamente a imagem semelhante à de uma fotografia aérea [...] Deixando o nível do chão, o olho ganha mais campo, porém perde a riqueza das visões possíveis ao levar em conta o ponto de vista, a profundidade do campo com o arranjo dos planos verticais dos volumes. Apesar de perder essas particularidades, essa visão ganha em termos de conjunto [...] Foi ela que motivou a representação da paisagem em mapa, dando-lhe cientificidade.

Porém, pela leitura em perspectiva (x,y,z) por meio dos modelos digitais de elevação, possibilitados neste trabalho pelo conjunto de três visadas 3D, detectou-se que – semelhantemente às regras de ensino-aprendizagem quando no uso de maquetes com representações bitridimensionais, do concreto ao abstrato (e não o contrário), para que o ensino seja adequado ao modo como a criança aprende – a representação reduzida do espaço em 3D, com a sobreposição dos mapeamentos temáticos, contribuiu não apenas para uma leitura integrada da paisagem, mas também ampliou as possibilidades de extrair, comunicar e analisar suas diferentes unidades, entendendo a paisagem por sua estrutura morfológica, ou seja, também do concreto ao abstrato.

Nos mapas de análise morfométrica, por exemplo, em que habitualmente o usuário apresenta maiores dificuldades, pois exigem mais atenção e cuidados, foi possível correlacionar a dinâmica, a estrutura e o funcionamento da paisagem, identificando seus variados declives, comprimentos de rampas, fundos de vale, linhas de cumeadas e as áreas de várzeas, além de contribuir para uma melhor interação com a espacialidade dos fenômenos ambientais estudados.

Em outras palavras, os modelos numéricos do terreno (MNT), que são interpolações estatístico-matemáticas, permitem os arranjos estruturais da superfície terrestre modelada em formas esculturais do relevo. Assim, o procedimento metodológico que utilizá-lo como uma máscara, em que se justapõe o mapa socioambiental, apresenta uma paisagem dotada de extrema similaridade com a realidade do observador. Donde se pode concluir que os modos de implantação em 3D minimizam as perdas das particularidades, em detrimento da perfectível noção de profundidade dos planos e volumes verticais.

Mesmo apresentando um protótipo, as novas plataformas interativas permitidas pelos sistemas de informação geográfica ArcGIS, através da extensão ArcScene, oferecem as primeiras possibilidades de voos panorâmicos em 3D sobre uma área de estudo, onde:

- Definindo o voo a qualquer momento, o usuário pode observar os menores detalhes da paisagem, como o fundo de vale de um curso d'água, e ter também uma visão mais abrangente, como o arranjo espacial das matas ciliares no entorno de uma bacia hidrográfica.
- Com o recurso multimídia, cria-se a vantagem de inserir fotos, áudio e textos, o que permite ao usuário conhecer previamente a paisagem real, tal como ela é, mas na tela do computador.

Enfim, além dessas, podem ser tantas as possibilidades que faz do voo panorâmico em 3D um novo meio para pesquisar e prosseguir como nova ferramenta, que visa não apenas à visualização, mas também à própria comunicação cartográfica.

E, por fim, a leitura iconográfica associada à legenda por coleção de mapas permitiu a "legenda visual", cuja funcionalidade foi espacializar, individualmente, as ocorrências de cada fenômeno ambiental.

Do levantamento realizado, conclui-se que "o mapa" (leitura bidimensional) é a representação gráfica e seletiva, ordenada ou quantitativa dos espaços. Os MNT (leitura em perspectiva) são representações reduzidas que permitem a percepção da paisagem por suas formas e seus arranjos estruturais. Os perfis geoambientais (leitura em perspectiva) permitem as leituras horizontais e verticais de suas unidades, ao passo que a fotografia com legenda por coleção de mapas (leitura iconográfica) deixa visível seus traços e características.

O estudo da paisagem no contexto ambiental

Apesar de existirem abordagens distintas sobre a paisagem, conforme relatado no capítulo 2, pode-se constatar que todas apresentam muito em comum. Talvez, ao lidarem com a paisagem como um todo, considerando as inter-relações espaciais entre as unidades culturais e naturais, incluindo assim o homem no seu sistema de análise, todas contribuam para o entendimento dos mecanismos de funcionamento dos componentes ambientais.

Uma vez que a visão integrada dos componentes exige a análise e avaliação das relações causa e efeito, obtém-se, assim, um quadro mais compreensivo para propostas e soluções aos problemas ambientais. Portanto, fica estabelecido que a escolha pelos diferentes paradigmas se configura apenas como uma questão de aproximação quanto ao método e à linha teórica.

A metodologia adotada para o zoneamento ambiental e a cartografia de síntese do "mapa das unidades de paisagens geoambientais"

Consoante às propostas de uma cartografia de síntese, em trabalhos de zoneamento ambiental, constatou-se que a metodologia de

Mateo Rodriguez – a qual apresenta como resultado final o mapa das unidades geoambientais – para a execução do zoneamento ambiental, em escala local (nesse caso, o município de Ourinhos, alvo deste trabalho) – apontou o caminho. Primeiro, pela sistematização de um método e uma metodologia, na proposição da análise da paisagem, que permitiu a individualização, classificação taxonômica, tipologia e cartografia das paisagens. E, segundo, pelas regras à apreensão da dinâmica, diferenciação topológica e morfológica da paisagem. Afinal, utilizando as próprias palavras de Bertrand (1972 apud Cruz, 2004, p.141-2): "[...] estudar uma paisagem é antes de tudo apresentar um problema de método que se traduz, na atualidade, nos desafios quanto à taxonomia, dinâmica, tipologia e de cartografia das paisagens".

Entretanto, o olhar e a leitura geográficos sobre as diferentes paisagens, qualificando-as com base em seus atributos geoecológicos (áreas emissoras, transmissoras e de acumulação de energia, matéria e informação – EMI), mostraram-se insuficientes para atingir o ideário da proposta de "unidades de paisagem" no sistema ambiental.

Atendendo ao conceito de unidade de paisagem de Zonneveld (1979, p.25-6) como "áreas representativas de sistemas ambientais, formados por um conjunto de vegetação, solo, relevo, clima e modificações antrópicas", há a necessidade de ponderar também os usos e ocupação do solo pela sociedade, aceitando que "o homem influencia ou modifica a paisagem em curto espaço de tempo, gerando novos conjuntos ou novas unidades paisagísticas, as quais passam a possuir semelhanças entre uso e ocupação do solo em oposição às potencialidades e fragilidades ambientais.

Diante do exposto, alinhavam-se as seguintes premissas:

- Os atributos geoecológicos, propostos por Mateo Rodriguez, definem perfeitamente as unidades geoambientais, em que cada unidade taxonômica foi determinada pela homogeneidade das condições naturais e por seu caráter dinâmico, tipológico e funcional da estrutura.
- No entanto, como a superfície geográfica está constituída por paisagens de diversas ordens (níveis planetário, regional e local), complexidade e tamanho, para obter as escalas taxo-

nômicas inferiores, no nível local (municipal), conforme a proposta apresenta neste livro, as "unidades geoambientais" devem ser reclassificadas em unidades menores, individuais, subordinadas às; quando comparadas com; irão igualmente prevalecer "unidades de paisagens".

- Especificamente, no estudo de caso referente ao município de Ourinhos (capítulo 4), pelo *mapa das unidades de paisagens geoambientais* (Anexo 12), observou-se que as diferentes altimetrias, morfologias e análises morfométricas foram essenciais para a delimitação das quatro "unidades geoambientais" apresentadas: topo de interflúvios, vertentes altas, vertentes baixas e fundo de vale. Ao passo que os traços comuns do uso e ocupação do solo (caracterização socioeconômica) agregados às condições naturais (caracterização geoecológica) foram responsáveis pela reclassificação dessas quatro unidades, em 22 diferentes tipologias, as chamadas "unidades de paisagem":

1) Topo dos interflúvios Turvo-Grande e Córrego Fundo;
2) Topo dos interflúvios Turvo-Santa Maria;
3) Topo dos interflúvios Jacu-Lajeadinho;
4) Altas vertentes do rio Turvo (margem direita);
5) Altas vertentes do Turvo-Santa Maria;
6) Altas vertentes do Pardo (margem esquerda);
7) Altas vertentes do Pardo-Santa Maria;
8) Altas vertentes do Pardo-Paranapanema (área urbana);
9) Baixas vertentes do Turvo (margem direita);
10) Baixas vertentes do Turvo-Santa Maria;
11) Baixas vertentes do Pardo (margem direita);
12) Baixas vertentes do Pardo-Santa Maria;
13) Baixas vertentes do Pardo (margem esquerda);
14) Baixas vertentes urbanas do Pardo (margem esquerda);
15) Baixas vertentes do Paranapanema (margem direita);
16) Baixas vertentes urbanas do Paranapanema (margem direita);
17) Fundo de vale do rio Turvo;
18) Fundo de vale do Ribeirão Grande e Córrego Fundo;
19) Fundo de vale da bacia do Pardo (margem direita);

20) Fundo de vale do córrego Santa Maria;
21) Fundo de vale e área de várzea da drenagem urbana;
22) Fundo de vale e área de várzea do Paranapanema (margem direita).

• Classificações mais do que suficientes para afirmar que a proposta de representar e analisar a paisagem por meio da identificação de suas "unidades paisagísticas" revelou-se um valioso instrumento para o conhecimento das relações espaciais entre os elementos que a constituem. A avaliação integrada do conjunto, mais que das partes, indica as interações entre os processos naturais e interferências antrópicas, permitindo localizar, qualificar e mesmo quantificar mudanças ocorridas, apontando tendências e subsidiando a elaboração de planos e propostas para o adequado ordenamento territorial e gestão do sistema ambiental destacado.

O discurso crítico e a função social do mapa de síntese do zoneamento ambiental

Ainda, apresentando as considerações acerca do método na cartografia, para que o zoneamento ambiental possa oferecer um mapa-síntese que represente gráfica e visualmente as contradições advindas das relações dinâmicas da sociedade com a natureza, no decorrer do tempo e espaço, além de propiciar um discurso esclarecedor e crítico, desmistificando sua função social, por meio do mapa de uso e ocupação do solo considerou-se, neste trabalho, além da paisagem de uso e ocupação rural, a paisagem de uso e ocupação da área urbana, por entender que ambos representam resultados da acumulação de tempos, as testemunhas que permanecem e vão, possibilitando o surgimento de novas formas, as quais remodelam e refazem a paisagem

Nesse caso, espacializar a paisagem, tanto a rural quanto a urbana, torna-se um dos pontos essenciais. Diferentemente do que se vê em muitos trabalhos voltados ao estudo do zoneamento ambiental municipal, não basta apenas indicar a delimitação zonal ou mesmo pontuar a cidade no mapa, deve-se ir além. É fundamental transcender suas representações gráficas, a fim de proporcionar cenários que evidenciem a leitura crítica de seus diferentes espaços.

Para Santos (1986), ler criticamente um espaço implica a utilização de quatro categorias de análise espacial – forma, função, estrutura e processo. Essas categorias, integradas, podem também estabelecer os aspectos espaciais e sociais que compõem os três tipos de paisagem: natural, social e cultural.

Assim, as *formas* (naturais ou artificiais) são as unidades visíveis que compõem o espaço, diferenciando as paisagens rurais das urbanas, além de caracterizá-las. É o elemento *forma* que caracteriza o campo ou a cidade, uma região de garimpo, uma área florestal ou um parque industrial.

A *função* está relacionada com a finalidade pela qual formas paisagísticas foram criadas, mantidas ou modificadas pelo homem em seu trabalho de transformação da paisagem.

A *estrutura* mostra o arranjo das formas e funções que compõem uma unidade espacial, ou seja, trata-se da maneira como se distribuem as entidades espaciais. É, portanto, a própria essência da paisagem, determinada por uma série de fatores complexos que resultam na organização espacial da sociedade.

Por sua vez, a categoria *processo* remete às transformações socioespaciais, responsáveis pelo caráter dinâmico da paisagem. Esses processos são desencadeados por fatores diversos: históricos, sociais, econômicos, políticos, entre outros.

O mapa de uso e ocupação do solo surge, portanto, como o reflexo atual da paisagem, que abriga formas do passado. Desse modo, permite correlacionar os diferentes usos e as modificações que sofreram ao longo do tempo e do espaço, tendo como determinantes os interesses históricos, políticos e econômicos da sociedade. Observa-se, então, que nesse contexto se constrói uma grande questão para a cartografia.

Está claro, então, que a paisagem não tem nada de estático. Ela é mutável, pois soma em si mesma os resultados da acumulação de tempos, dos processos que permeiam as relações sociais e seus refle-xos no meio. Contudo, se analisada simplesmente como tudo o que se vê, a paisagem se definiria apenas e tão somente como objeto de contemplação. Portanto, a cartografia assume a tarefa de represen-tar, gráfica e visualmente, as diferentes dinâmicas que configuram as paisagens urbana e rural. Da mesma forma, cabe à geografia e ao geógrafo transcender o campo visual possibilitado pelo mapa e chegar a sua essência por meio do entendimento dos processos históricos, os quais deram à paisagem seu caráter social.

Em suma, ratificam-se as próprias palavras do professor Milton Santos (1986, p.37):

> uma região produtora de algodão, de café ou trigo, uma paisagem urbana ou uma cidade de tipo europeu ou de tipo americano, um centro urbano de negócios e as diferentes periferias urbanas. Tudo isto são paisagem, formas mais ou menos duráveis. O seu traço co-mum é ser a combinação de objetos naturais e de objetos fabricados, isto é, objetos sociais, e ser o resultado da acumulação da atividade de muitas gerações.

As novas propostas do plano diretor municipal de Ourinhos na proposição ao planejamento e à política ambientais

Haja vista que um trabalho de zoneamento ambiental apresenta maior eficiência caso esteja alinhado com as legislações e diretrizes do plano diretor municipal, já que este apresenta a Lei Orgânica maior, aquela que rege o Estatuto da Cidade, em prol do desenvolvimento sustentável, com políticas e gestões ambientais, de pelo menos dez anos para o município, conclui-se que:

- A função do zoneamento ambiental no plano diretor é (re) ordenar o uso e a ocupação do solo a fim de evitar ou mesmo minimizar a degradação ambiental das áreas urbanas e rurais.

Nesse sentido, não se pode ignorar sua atual importância para o levantamento do diagnóstico ambiental de um município. Por representar as áreas com potencialidades ambientais de usos potenciais e ocupações legais, associado às políticas de desenvolvimento sustentável apresentadas pelos planos diretores, torna-se um dos principais subsídios para o plano estratégico de planejamento e gestão ambientais do município.

- Nesse intento, quando se leem as propostas de planejamento e política ambientais, destacadas pelo novo plano diretor de Ourinhos, pode-se considerar que essa cidade sobressai por apresentar uma "paisagem natural" bastante expressiva, proporcionada principalmente por seu excelente potencial hídrico regional, abastecido por seus principais rios, Pardo e Turvo (mais seus afluentes), além dos tributários de até 3ª ordem do rio Paranapanema (margem direita), sendo todos pertencentes à 17ª Unidade de Gerenciamento de Recursos Hídricos do Estado de São Paulo, o Médio Paranapanema (UGRHI – MP), configurando-se, portanto, não só como importantes rios municipais, mas também estaduais.

- Essa expressividade promoveu, de um lado, o crescimento horizontal da cidade, direcionado aos dois de seus principais rios – o Paranapanema (margem direita) e o Pardo (margem esquerda), o que os levou, já na década de 1970, a apresentar suas matas ciliares parcialmente e, em alguns trechos, totalmente retiradas por causa do avanço agrícola da cana-de-açúcar que não parava de crescer. De outro lado, houve uma ocupação urbanística ao longo dos fundos de vale e das áreas de várzeas em alguns de seus afluentes, que correspondem à drenagem urbana.

- Assim, encontra-se a área urbana totalmente "encaixada", com vetores de crescimentos comprimidos pelos três rios principais de suas bacias hidrográficas: ao sul, tem-se o Paranapanema; ao norte, apresenta-se o Pardo; e, logo mais acima, o rio Turvo.

- O município prepara-se para realizar sua maior intervenção urbana. Trata-se do remanejamento da rede ferroviária urbana (que prevê a implantação de novos trechos a leste e sul da malha urbana, e a criação de um sistema funcional de circulação e transporte público) e do remanejamento do trecho urbano da Rodovia Raposo Tavares (para criar uma avenida de deslocamento rápido, de modo que possibilite transferir o fluxo de veículos de carga para a face leste da área urbana), além da implantação de um terminal logístico intermodal, com acesso rodoviário, ferroviário e fluvial, potencializando as condições de localização e acessibilidade do município.

- Diante das considerações expostas, o plano estratégico para o planejamento ambiental previsto pelo novo plano diretor baseia-se na recuperação do ambiente degradado, estabelecendo a interação da população com esse ambiente, numa relação de equidade homem e natureza.

- Para isso, o plano diretor apresenta algumas zonas de interesse ambiental que terão o objetivo de preservar áreas da bacia hidrográfica dos rios Paranapanema, Pardo, Turvo e córregos, associadas à microbacia do município.

- Para tanto, as zonas de interesse ambiental legitimam a formação de parques lineares (fluviais, ferroviário e rodoviário), cuja função de interesse paisagístico – recuperação de cabeceiras, nascentes e cursos d'água integrantes da microbacia, preservação ambiental e atenuação das fontes de calor do município – alia-se à função de "barreira natural" para contenção da excessiva fuligem da cultura canavieira.

- Todavia, um aspecto que chama muita atenção no município é a queimada aleatória realizada não apenas pela população que habitualmente a pratica em terrenos baldios, mas também pelos pequenos agricultores de cana-de-açúcar que acabam utilizando a colheita sem práticas agrícolas adequadas. Essas constantes queimadas, além da visível poluição (com a intensa fuligem de cana sobre a área urbana), desencadeiam problemas respiratórios na população. Trata-se de fatos mais do que suficientes para que o novo plano diretor municipal adicione legislações e diretrizes que contenham punições severas, passíveis de multas, para aqueles que praticam as queimadas. Infelizmente, esse caso das queimadas aleatórias não está previsto em lei.

Dadas as transformações a que o município se propõe, esse zoneamento ambiental apenas instituiu uma cartografia de síntese, contendo informações gráficas (mapa) e textuais (legenda explicativa) sobre a situação geoecológica da paisagem, quanto às características ambientais de uso e ocupação do solo, o que nos leva a concluir que, mesmo derivando estudos posteriores, o "mapa das unidades de paisagem geoambientais do município de Ourinhos", neste trabalho proposto, é o primeiro cenário gráfico que atende às demandas dos seguintes artigos:

Art. 173 – Lei específica instituirá o Zoneamento Ambiental do Município, como instrumento definidor das ações e medidas de promoção, proteção e recuperação da qualidade ambiental do espaço físico-territorial, segundo suas características ambientais.

(parágrafo único) – O Zoneamento Ambiental deverá ser observado na legislação de Uso e Ocupação do Solo.

Art. 174 – Complementando o Zoneamento Ambiental, serão realizados estudos que levem em consideração:
I. a Lista de Distâncias Mínimas entre os Uso Ambientais e Compatíveis;
II. estudos de Impacto de Vizinhança (EIV) e Relatórios de Impacto de Vizinhança (RIV);
III. a adequação da qualidade ambiental aos usos;
IV. a adequabilidade da ocupação urbana ao meio físico;
V. o cadastro de áreas contaminadas disponível à época de sua elaboração.

Trata-se de artigos de lei que viabilizam novos estudos, novos diagnósticos, novos cenários gráficos e novas cartografias de síntese na proposição ao estudo e à representação da paisagem.

REFERÊNCIAS BIBLIOGRÁFICAS

ABREU, A. A. de. Apresentação. In: ROSS, J. L. S. *Ecogeografia do Brasil*: subsídios para planejamento ambiental. São Paulo: Oficina de Textos, 2006. 207p.

AB'SABER, A. N. Um conceito de gemorfologia a serviço das pesquisas sobre o Quaternário. *Geomorfologia (São Paulo)*, Instituto de Geografia da USP, n.18, 1969.

ALMEIDA, R. D. Atlas municipais elaborados por professores: a experiência conjunta de Limeira, Rio Claro e Ipeúna. *Caderno Cedes*, Campinas, v.23, n.60, 2003, p.149-168. Disponível em http://www.cedes.unicamp.br.

ARCHELA, R. S. Contribuições da semiologia gráfica para a cartografia brasileira. *Geografia (Londrina)*, v.10, n.1, p.45-50, 2001.

ARGENTO, M. S. F. *Mapeamento ambiental direcionado para o gerenciamento de áreas deltaicas*. Modelagem em sistemas ambientais. Rio Claro, 1987. 123f. Tese (Doutorado em Geografia) – Instituto de Geociências e Ciências Exatas, Universidade Estadual Paulista.

_____. *Modelagem em sistemas ambientais*. Rio Claro: Unesp. 2001. 140p. Apostila.

BECKER, B. K.; EGLER, C. A. *Detalhamento da metodologia para execução do zoneamento ecológico-econômico pelos Estados da Amazônia Legal*. Brasília: Ministério do Meio Ambiente, dos Recursos Hídricos e da Amazônia Legal, Secretaria de Coordenação da Amazônia. 1997.

BERTALANFFY, L. von. *Teoria geral dos sistemas*: deduções, desenvolvimento, aplicações (1968). Petrópolis: Vozes, 1973.

BERTRAND, R. B. Paysage et geographie physique globale. *Revue Geographique des Pyrínées et du Sud-Ouest*, v.39, n.3, p.49-72, 1968.

_____. Paisagem e Geografia Física: esboço metodológico. *Caderno de Ciências da Terra (São Paulo)*, Instituto de Geografia da USP, n.13, p.249-72, 1972.

BERTRAND, G. Paisagem e geografia física global: esboço metodológico. *R.RA'E GA – O Espaço Geográfico em Análise (Curitiba)*, n.8, p.141-52, 2004.

BERTIN, J. *Sémiologie graphique*: lês diagrammes, lês résseaux, lês cartes. Paris: Mouton et Gauthier-Villars, 1967.

_____. *La graphique et le traitment graphique de l'information*. Paris: Flammarion, 1977. 277p.

_____. *Théorie de la communication et théorie de la graphique*. Mélagens: Charles Morazé, 1978.

_____. *Ver ou ler*. Seleção de textos. São Paulo: AGB, 1988.

BOARD, C. Maps as models. In: CHORLEY, R. J.; HAGGETT, P. *Models in geography*. London: Methuen, 1971.

BRAGA, R. Plano diretor municipal: três questões para discussão. Presidente Prudente. *Caderno do Departamento de Planejamento (Presidente Prudente)*, p.5-20, 1995.

_____. Política urbana e gestão ambiental: considerações sobre o plano diretor e o zoneamento urbano. In: BRAGA, R; CARVALHO, P. F. (Org.) *Perspectivas de gestão ambiental em cidades médias*. Rio Claro: Laboratório de Planejamento Municipal, IGCE, Unesp, 2001a.

_____. Gestão ambiental no estatuto da cidade: alguns comentários. In: BRAGA, R; CARVALHO, P. F. (Org.). *Perspectivas de gestão ambiental em cidades médias*. Rio Claro: Laboratório de Planejamento Municipal, IGCE, Unesp, 2001b.

BRAGA, R; CARVALHO, P. F. (Org.) *Estatuto da cidade*: política urbana e cidadania. Rio Claro: Laboratório de Planejamento Municipal, IGCE, Unesp, 2000.

_____. (Org.) *Recursos hídricos e planejamento urbano e regional*. Rio Claro: Laboratório de Planejamento Municipal, IGCE, Unesp, 2003, p.113-127.

CALDERANO FILHO, B. *Visão sistêmica como subsídios ao planejamento agro-ambiental da microbacia do córrego Fonseca no município de nova Friburgo-RJ*. Rio de Janeiro, 2003. 235f. Dissertação (Mestrado em Ciências) – Universidade Federal do Rio de Janeiro.

CARDOSO, J. A. Construção de gráficos e linguagem visual. *História: Questão e Debates* (*Curitiba*), v.5, n.8, p.38-42, 1984.

CASTRO, I. E. O problema da escala. In: CASTRO, I. E.; GOMES, P. C. C.; CORRÊA, R. L. (Org.). *Geografia*: conceitos e temas. 5.ed. Rio de Janeiro: Bertrand Brasil. 2003.

CENDRERO, A. Mapping and evaluation of coastal areas for planning. *Ocean and Shoreline Management* (Amsterdan), v.12, p.15-42, 1989.

CHORLEY, R.; KENNEDY, B. A. *Physical geography*: a systems aprovoach. Englewood Cliffs: Pretince Hall, 1971. 369p.

CHRISTOFOLETTI, A. *Modelagem de sistemas ambientais*. São Paulo: Edgar Blücher, 1999.

CLARKE, K. C. *Analytical and computer cartography*. 2.ed. Englewood Cliffs: Prentice Hall, 1995. 334p.

CONSELHO NACIONAL DO MEIO AMBIENTE (Conama). Resolução n° 01/86. Brasília, 1986.

CONTI, J. B. Resgatando a fisiologia da paisagem. *Revista do Departamento de Geografia* (São Paulo), n.14, p.59-68, 2001.

COOPERATIVA DE SERVIÇOS, PESQUISAS TECNOLÓGICAS E INDUSTRIAIS. Relatório Zero da bacia hidrográfica do Médio Paranapanema. São Paulo: CPTI, 1999.

CROMLEY, R. G. *Digital cartography*. Englewood Cliffs: Prentice Hall, 1992. 317p.

CRUZ, O. *A Serra do Mar e o litoral na área de Caraguatatuba*. São Paulo: Instituto de Geografia da USP, 1974. 181p.

_____. Paisagem e geografia física global: esboço metodológico. *R.RA'E GA – O Espaço geográfico em análise* (*Curitiba*), n.8, p.141-52, 2004.

CUNHA, C. M. L. *A cartografia do relevo no contexto da gestão ambiental*. Rio Claro, 2001. 165f. Tese (Doutorado em Geografia) – Instituto de Geociências e Ciências Exatas, Universidade Estadual Paulista.

CUNHA, C. M. L.; MENDES, I. A. Proposta de análise integrada dos elementos físicos da paisagem: uma abordagem geomorfológica. *Estudos geográficos* (*Rio Claro*), v.3, n.1, p.111-20, 2005. Disponível em: <www.rc.unesp.br/igce/grad/geografia/revista.htm>. Acesso em: 10 jul. 2005.

DACEY, M. F. Aspectos linguísticos dos mapas e a informação geográfica. *Boletim de geografia teorética* (*Rio Claro*), v.8, n.15, p.5-16, 1978.

DE BIASI, M. Carta de declividade de vertentes: confecção e utilização. *Boletim de geografia*, Instituto de Geografia da USP, n.21, p.8-13, 1970.

FERREIRA, A. B. de H. *Novo Aurélio*. O dicionário da língua portuguesa. Rio de Janeiro: Nova Fronteira, 1999.

FIDALGO, E. C. C. *Critérios para análise de métodos e indicadores ambientais usados na etapa de diagnósticos de planejamentos ambientais*. Campinas, 2003. 165f. Tese (Doutorado em Geociências) – Instituto de Geociências, Universidade Estadual de Campinas.

FORMAN, R. T; GODRON, M. *Landscape ecology*. New York: John Willey and Sons, 1986. 620p.

FUNDAÇÃO SEADE – Fundação Sistema Estadual de Análise de Dados. Perfil municipal. Disponível em: <http://www.seade.gov.br>. Acesso em: 11 de fev. 2006.

GIRARDI, G. Leitura de mitos em mapas: um caminho para repensar as relações entre geografia e cartografia. *Geografares (Vitória)*, v.1, n.1, p.41-50, 2000.

GUERRA, A. T. *Dicionário geológico e geomorfológico*. 8.ed. Rio de Janeiro: IBGE, 1993. 48p.

HENRIQUE, W. *Zoneamento ambiental*: uma abordagem geomorfológica. Rio Claro, 2000. 160f. Dissertação (Mestrado em Geografia) – Instituto de Geociências e Ciências Exatas, Universidade Estadual Paulista.

HUMBOLDT, A. Von. 1814-1825. *Relation historique du voyage aux régions équinoxiales du Nouveau Continent, fait en 1799, 1800, 1801, 1802, 1803 et 1804, par A.* de Humboldt e A. Bonpland. Rédigé par Alexandre de Humboldt. Paris, vol. I 1814, vol. II 1819, vol. III 1825 (reimpressão: Introdução e índice de H.Beck, In: BECK, H. (Ed.). 1970.

INSTITUTO DE PESQUISAS E TECNOLOGIA (IPT). *Mapa geológico do Estado de São Paulo*. São Paulo: IPT, 1981. v.1-2

_____. *Carta geotécnica do estado de São Paulo*. São Paulo: IPT, 1994. v.1-2.

_____. Programa de Apoio Tecnológico aos Municípios (Patem). Ourinhos: Prefeitura de Ourinhos, 2001. 60p. (Relatório técnico).

INTERNATIONAL CARTOGRAPHIC ASSOCIATION (ICA). Commission Overview. Disponível em: <http://www.geog.psu.edu/ica/icavis/ICAvis_overview (1).html>. Acesso em: 25 ago. 2003.

JOLY, F. *A cartografia*. Trad. Tânia Pellegrini. São Paulo: Papirus, 2004.

JUILLARD, E. A região: tentativa de definição. *Boletim geográfico (Rio de Janeiro)*, v.24, n.185, p.224-36, jan./fev. 1965.

KRAAK, M. J.; ORMELIN, G. F. *Cartography*: visualization of spatial data. Essex: Addison Wesley Longman, 1996. 222p.

KOESTLER, A. Beyound atomism and holism: the concept of holon. In: _____. *Beyound reductionism*. London: Hutchinson, 1972. p.192-232.

KOLÁCNY, A. Cartographic information. *Internacional Yearbook of Cartography*, v.11, p. 65-8, 1971.

LACOSTE, Y. *A geografia* – isso serve, em primeiro lugar, para fazer a guerra. 8.ed. Trad. Maria Cecília França. São Paulo: Papirus, 2004. 263p.

LANNA, A. E. L. *Gerenciamento de bacia hidrográfica*: aspectos conceituais e metodológicos. Brasília: Ibama, 1995. 154p.

LEAL, A.C. *Meio ambiente e urbanização na microbacia do Areia Branca – Campinas – São Paulo*. Rio Claro, 1995. 155f. Dissertação (Mestrado em Geociências) – Instituto de Geociências e Ciências Exatas, Universidade Estadual Paulista.

LEVIGNIN, S. C.; VIADANA, A. Perfis geo-ecológicos como técnica para o estudo das condições ambientais. *Sociedade & Natureza (Uberlândia)*, v.14, n.26-29, p.5-19, 2002-2003.

_____. A Aplicação dos perfis geo-ambientais em setores da cidade de Rio Claro-SP. In: GERARDI, L. H. O. (Org.) *Ambientes e estudos de geografia*. Rio Claro: Programa de Pós-Graduação em Geografia da Unesp, Associação de Geografia Teorética (Ageteo), 2003.

LIBAULT, A. Os quatro níveis da pesquisa geográfica. *Métodos em questão*. Instituto de Geografia da USP. 1971.

MACEACHREN, A. M.; TAYLOR, D. R. F (Ed.) *Visualization in modern cartography*. Oxford: Pergamon Press, 1994. 345p.

MACEDO, R. K. A importância da avaliação ambiental. In: TAUK, S. M. (Org.) *Análise ambiental*: uma visão multidisciplinar. São Paulo: Editora Unesp, 1991. p.13-29.

MARTINELLI,M. Cartografia ambiental: uma cartografia especial muito especial. In: IV CONGRESSO BRASILEIRO DE CARTOGRAFIA. *Anais* (Vol. 2). Salvador: Sociedade Brasileira de Cartografia. 1991, p.353-6.

_____. *Curso de cartografia temática*. São Paulo: Contexto, 1991.

_____. Cartografia ambiental: uma cartografia diferente? *Revista do Departamento de Geografia (São Paulo)*. Universidade de São Paulo: São Paulo, n.7, p.61-80, 1994.

_____. A cartografia do meio ambiente: a cartografia de tudo? In: ENCONTRO NACIONAL DE GEÓGRAFOS, 10, 1996. Recife: AGB, 1996.

_____. *Gráficos e mapas*: construa-os você mesmo. São Paulo: Moderna, 1998. 120p.

_____. A representação cartográfica do mundo e dos lugares. In: SANTOS, M. (Org.) *O novo mapa do mundo*: problemas geográficos de um mundo novo. 4.ed. São Paulo: Anablume, Hucitec, 2002. p.321-3.

_____. *Mapas da geografia e cartografia temática*. São Paulo: Contexto, 2003a.

_____. *Cartografia temática*: caderno de mapas. São Paulo, Edusp, 2003b.

_____. A Cartografia de síntese na geografia física. XI Simpósio Brasileiro de Geografia Física Aplicada. *Anais*. São Paulo/SP. 2005. p. 3561-3570.

MARTINELLI, M.; PEDROTTI, M. A cartografia das unidades de paisagem: questões metodológicas. *Revista do Departamento de Geografia (São Paulo)*, n.14, p.39-46, 2001.

NAMIKAWA, L. M. *Um método de ajuste de superfície para grades triangulares considerando linhas características*. 1995. 136f. (INPE-6122-TDI/583). Dissertação (Mestrado em Computação Aplicada) - Instituto Nacional de Pesquisas Espaciais, São José dos Campos. 1995. Disponível em http://urlib.net/sid.inpe.br/jeferson/2004/12.02.09.36

RODRIGUEZ, J. M. M. *Apuntes de geografia de los paisagjes*. Havanna: Editora de Havanna, 1990. 469p.

_____. Planejamento ambiental como campo de ação da Geografia. In: V CONGRESSO BRASILEIRO DE GEÓGRAFOS, 1994. Curitiba. *Anais...* Curitiba, 1994. p.582-94.

_____. Geografia das paisagens, geoecologia e planejamento ambiental. *Formação*. Presidente Prudente: Programa de Pós-Graduação em Geografia, v.1, n.10, p.7-27, 2003. (Entrevista).

RODRIGUEZ, J. M. M. et. al. Análise da paisagem como base para uma estratégia de organização geoambiental: Corumbataí – SP. *Geografia*, Rio Claro, v.20, n.1, 1995, p.81-129.

_____. Análise da paisagem como base para uma estratégia de organização geoambiental: Corumbataí – SP. *Geografia (Rio Claro)*, v.20, n.1, p.81-120, 1995.

MAURO, C. A.; MENDES, I. A. *Legenda aberta* – mapa das formas de relevo da bacia sedimentar do Paraná – escala 1:50.000. Rio Claro: Departamento de Planejamento Regional, IGCE, Unesp, 1985. (Publicação interna).

MEIRELLES, M. S. P. *Análise integrada do ambiente através de geoprocessamento* – uma proposta metodológica para elaboração de zoneamentos. Rio de Janeiro, 1997. 191f. Tese (Doutorado em Geografia) – Universidade Federal do Rio de Janeiro.

MENDES, I. A. *A dinâmica erosiva do escoamento pluvial na bacia do Córrego Lafone-Araçatuba – SP*. São Paulo, 1993. 153f. Tese (Doutorado em Geografia Física) – Faculdade de Filosofia, Letras e Ciências Humanas, Universidade de São Paulo.

MENEZES, P. M. L. *A interface cartografia-geoecologia nos estudos diagnósticos e prognósticos da paisagem*: um modelo de avaliação de procedimentos analítico-integrativos. Rio de Janeiro, 2000. 271f. Tese (Doutorado em Geografia) – Universidade Federal do Rio de Janeiro.

MENEZES, P. M. L. de; ÁVILA, A. S. Novas tecnologias cartográficas em apoio ao ensino e pesquisa em Geografia. In: ENCONTRO DE GEÓGRAFOS DA AMÉRICA LATINA (EGAL), 10, 2005, São Paulo. *Anais...* São Paulo: USP, 2005. p.9314-27. CD-ROM.

METZGER, J. P. O que é ecologia de paisagens? *Biota Neotropica (Campinas)*, v.1, n.1-2, p.1-9, dez. 2001.

MONTEIRO, C. A. F. *Aspectos geográficos do Baixo São Francisco*. São Paulo: Associação dos Geógrafos Brasileiros, 1962. 94p.

_____. *The environmental quality in the Ribeirão Preto Region, SP* – an attempt. Commision on Environmental Problems. São Paulo, UGI, 1982.

_____. The urban Eastward expansion of: problems in environmental monitoring. In: SYMPOSIUM ON DINAMICS OF GEOSYSTEMS: MONITORING CONTROL AND FORECAST, 1987, Nalchik. *Paper...* Nalchik: UGI, Comission on Geographical Monitoring and Forecast, 1987. 18p.

_____. *Geossistemas* – a história de uma procura. São Paulo: Contexto, 2000.

MORAES, A. C. R. *Geografia* – pequena histórica crítica. São Paulo: Hucitec, 1986.

MORELLI, A. F. Identificação e transformação das unidades de paisagem no município de São José dos Campos (SP) dE 1500 a 2000. Rio Claro, 2002. 407f. Tese (Doutorado em Geociências) – Instituto de Geociências e Ciências Exatas, Universidade Estadual Paulista.

MOURA E SILVA, M. *Técnicas cartográficas aplicadas ao zoneamento ambiental*: o município de Jacareí-SP. Rio Claro, 2002. 103f. Dissertação (Mestrado em Geociências) – Universidade Estadual Paulista.

NAPOLEÃO, R. P. *Zoneamento ambiental como subsídio à gestão dos recursos hídricos na bacia hidrográfica do Rio Capivari/SP*. Rio Claro, 2003. 194f. Dissertação (Mestrado em Geociências) – Instituto de Geociências e Ciências Exatas, Universidade Estadual Paulista.

NUNES, B. de A. et al. *Manual técnico de geomorfologia (manuais técnicos em geociências)*. Rio de Janeiro: IBGE, 1994.

OLIVEIRA, R. C. Zoneamento ambiental como subsídio para o planejamento de uso e ocupação do solo do município de Corumbataí – SP.

Rio Claro, 2003. 141f. Tese (Doutorado em Geociências) – Instituto de Geociências e Ciências Exatas, Universidade Estadual Paulista.

ORGANIZACIÓN DE LAS NACIONES UNIDAS (ONU). *Programa de conjunto para 1ª reducción de los desastres naturales en los años 90*: informe 1990/1991. Ginebra: ONU, 1992.

PASSOS, M. M. *A raia divisória*: geossistema, paisagem e eco-história. Maringá: Editora UEM, 2006. v.1, 132p.

_____. (Org.) *Uma geografia transversal – e de travessias – o meio ambiente através dos territórios e das temporalidades*. Maringuá: Massoni, 2007. 332p.

PREFEITURA MUNICIPAL DE OURINHOS. *Relatório do Novo Contorno Ferroviário*. 2006, p.31.

RAMOS, C. S. *Visualização cartográfica*: possibilidades de desenvolvimento em meio digital. Rio Claro, 2001. 180f. Dissertação (Mestrado em Geografia) – Instituto de Geociências e Ciências Exatas, Universidade Estadual Paulista.

_____. *Visualização cartográfica e cartografia multimídia*: conceitos e tecnologias. São Paulo: Editora Unesp, 2005. 178p.

RATAJSKI, L. A model of cartographic methods. *Geographia Polonica*, n.14, p 17-20, 1968.

RELATÓRIO ZERO. Comitê das bacias hidrográficas do Médio Paranapanema. Ourinhos, 1999. p. 347.

ROSS, J. L. S. *Geomorfologia* – Ambiente e planejamento. São Paulo: Contexto, 1990.

_____. *Ecogeografia do Brasil*: subsídios para o planejamento ambiental. São Paulo: Oficina de Textos, 2006. 207p.

SALICHTCHEV, K. A. Cartographic communication: its place in the theory of science. *The Canadian Cartographer*, v.15, n.2, p.93-100, 1978.

_____. Algumas reflexões sobre o objeto e o método da cartografia depois da Sexta Conferência Cartográfica Internacional (1977). Trad. Regina Vasconcellos. *Seleção de Textos: Cartografia Temática (São Paulo)*, AGB, n. 18, 1988.

SANCHEZ, M. C. A cartografia como técnica auxiliar da geografia. *Boletim de geografia teorética (Rio Claro)*, Ageteo, v.3, n.6, p.31-47, 1973.

_____. A proposta das cartas de declividade. In: SIMPÓSIO DE GEOGRAFIA FÍSICA APLICADA. 5, 1993, São Paulo. *Anais...* São Paulo: USP, 1993. p.311-4.

SANTOS, M. *Pensando o espaço do homem*. 2.ed. São Paulo: Hucitec, 1986. 156p.

SANTOS, M. M. D. dos. A representação gráfica da informação geográfica. *Geografia (Rio Claro)*, v.12, n.23, p.1-13, 1987.

SANTOS, R. F. dos. *Planejamento ambiental*: teoria e prática. São Paulo: Oficina de Textos, 2004. 184p.

SANTOS, R. F.; RUTKOWSKI, E. Planejamento ambiental como estratégia para reabilitação de águas urbanas: um estudo de caso (Rio Cotia, São Paulo, Brasil). In: CONGRESSO IBÉRICO DE GESTIÓN Y PLANIFICACIÓN DE ÁGUAS, 1998, Zaragoza. *Anais...* Zaragoza, 1998. CD-ROM.

SAUER, C. O. *The morphology of landscape*. Publications in geography. Berkeley: University of California, 1925. v.2, p.19-53.

SAUSSURE, F. *Semiologia e comunicação linguística*. São Paulo: Cutrix. 1973.

SERRANO RODRIGUEZ, A. La variable ambiental en los planes de ordenación del território. *Revista Situactión* (Bilbao), n.2, p.123-36, 1991.

SILVA, A. B. *Sistemas de informações geo-referenciadas*: conceitos e fundamentos. Campinas. Editora da Unicamp, 1999. 236p.

SILVA, J. A. da. *Direito ambiental constitucional*. São Paulo: Malheiros, 1994. 184p.

SIMIELLI, M. E. R. *O mapa como meio de comunicação*: implicações no ensino da geografia do 1º grau. São Paulo, 1986. 205f. Tese (Doutorado em Geografia) – Faculdade de Filosofia, Letras e Ciências Humanas, Universidade de São Paulo.

SOTCHAVA, V. B. Por uma classificação geossistêmica da vida terrestre. *Biogeografia*, USP, n. 14, 1972.

_____. O estudo de geossistemas. *Série métodos em questão*, USP, n.16, 1977.

SLOCUM, T. A. *Thematic cartography and visualization*. USA: Prentice Hall, 1998. 400p.

SPIRIDONOV, A. I. *Princípios de la metodologia de los investigaciones de campo y el mapeo geomorfológico*. Habana: Universidad de la Habana, 1981. v.3.

TANSLEY, A. G. The use and abuse of vegetational concepts and terms. *Ecology*, v. 16, 1935. p.284-307.

TRICART, J. *Ecodinâmica*. Rio de Janeiro: IBGE, Supren, 1977.

TROLL, C. Luftbildplan and okologische Bodenforschung. *Z.Ges. Erdkunde*. Berlin, 1938. p.41-98.

TROLL, C. Die Geographische landschaft um ihre erforchung. *Studium generale 3*. Heidelberg: German Democratic Republic, 1950. p.163-81.

TROPPMAIR, H. Perfil ecológico e fitogeográfico do Estado de Sergipe. *Biogeografia (São Paulo)*, n.2, p.1-18, 1971.

_____. Perfil fitoecológico do Estado do Paraná. *Boletim de Geografia (Maringá)*, v.8, n.1, p.67-82, 1990.

_____. Estudo biogeográfico das áreas verdes de duas cidades médias do interior paulista: Piracicaba e Rio Claro. *Geografia* (Rio Claro), v.20, n.2, p.73-99, 1995.

_____. *Geossistemas e geossistemas paulistas*. Rio Claro: Unesp, 2000.

TYNER, J. Introduction to thematic cartography: Englewood Cliffs: Pretince Hall, 1992. 2999p.

UNESCO/MAB. *Cartographie intégrée de l'environnement*: um outil pour la recherche et pour l'aménagement. France: Unesco, 1985. 67p.

VALERIO NETTO, et al. Realidade Virtual - Fundamentos e Aplicações. *Visual Books*, Florianópolis/SC, v.1, 2002, p.96.

VIADANA, A. *Perfis ictiobiográficos da bacia do Rio Corumbataí – SP*. São Paulo, 1992. 174f. Tese (Doutorado em Geografia Física) – Universidade de São Paulo.

VIADANA, A; TROPPMAIR, H. Uma metodologia alternativa na interpretação de hidrobiocenoses. In: ENCUENTRO DE GEÓGRAFOS DE AMÉRICA LATINA, 2, 1989, Montevideo. *Anais...* Montevideo:Universidad de la Republica, 1989. p.227-34.

WEAVER, W.; SHANNON, C. E. *The mathematical theory of communication*. Illinois: University of Illinois, 1949.

WRI. Report of the United Nations Conference on Environment and Devolopment. Rio de Janeiro, June 1992. 3-14p. Disponível em: <www. wri.org/wri/wr98-99/index.html>. Acessado em: 21 nov. 2005.

ZACHARIAS, A. A. *Metodologias convencionais e digitais para a elaboração de cartas morfométricas do relevo*. Rio Claro, 2001. 169f. Dissertação (Mestrado em Geociências) – Instituto de Geociências e Ciências Exatas, Universidade Estadual Paulista.

_____. Cartografia: do meio analógico ao digital. *Revista Expressão (Guaxupé)*, v.2, p.116-43, 2002.

_____. *Zoneamento ambiental e a representação cartográfica das unidades de paisagens*: propostas e subsídios para o planejamento ambiental do município de Ourinhos/SP. Rio Claro, 2005. 110f. Tese (Doutorado em Geografia) – Instituto de Geociências e Ciências Exatas, Universidade Estadual Paulista.

ZACHARIAS, A. A. et. al. A cartografia de síntese no planejamento e gestão ambiental (comunicação coordenada). XII Simpósio Brasileiro de Geografia Física. *Anais*. Viçosa/MG. 2009. CDROOM.

ZONNEVELD, I. S. The land unit – a fundamental concept in landscape ecology and its applications. *Landscape Ecology*, v.3, n.2, p.67-86, 1989.

SOBRE O LIVRO

Formato: 14 x 21 cm
Mancha: 23,7 x 42,5 paicas
Tipologia: Horley Old Style 10,5/14
Papel: Offset 75 g/m² (miolo)
Cartão Supremo 250 g/m² (capa)
1ª edição: 2010

EQUIPE DE REALIZAÇÃO

Coordenação Geral
Marcos Keith Takahashi